李连江

献给车铭洲老师

（1936—2021）

关
于
作
者

李连江 香港大学政治学教授。1963 年生于河北沧县，1982 年毕业于
南开大学哲学系，1996 年在俄亥俄州立大学获政治学博士学位，曾任
教于抚顺石油学院、南开大学、香港浸会大学、香港中文大学和香港
岭南大学。 中文著作包括《不发表 就出局》《戏说统计》《戏说统计
续编》《在学术界谋生存》和《学者的术与道》，译作包括弗洛姆《爱
的艺术》和叔本华《人生智慧箴言》。

术与道，说来玄妙，其实都是常识。

不需要谋生存的人，
往往没有真正的生存。

我们需要谋生存，
是我们的优势。

我讲的生存不是简单的活着，
是为自己活着，
我们谋的是海德格尔说的本真存在。

增 补 本

学者的术与道

李连江 著

上海交通大学出版社
SHANGHAI JIAO TONG UNIVERSITY PRESS

图书在版编目（CIP）数据

学者的术与道／李连江著. -- 增补本. -- 上海：
上海交通大学出版社，2024.6

ISBN 978 - 7 - 313 - 29372 - 5

Ⅰ. ①学… Ⅱ. ①李… Ⅲ. ①学术研究 Ⅳ. ①G30

中国国家版本馆 CIP 数据核字（2023）第 169979 号

学者的术与道（增补本）

XUEZHE DE SHU YU DAO（ZENGBU BEN）

著　　者：李连江

出版发行：上海交通大学出版社　　　　地　　址：上海市番禺路 951 号

邮政编码：200030　　　　　　　　　　电　　话：021 - 64071208

印　　制：上海盛通时代印刷有限公司　经　　销：全国新华书店

开　　本：880mm×1230mm　1/32　　　印　　张：12.375

字　　数：218 千字　　　　　　　　　印　　数：0001—6000 册

版　　次：2024 年 6 月第 1 版　　　　　印　　次：2024 年 6 月第 1 次印刷

书　　号：ISBN 978 - 7 - 313 - 29372 - 5

定　　价：79.00 元

代序

感谢学生朋友

我作为教师，总是以学生为贵，关注和牵挂学生的发展和成功。我的学生们，尤其是与我有更多直接联系的研究生、二学位生、进修生们和学生们，他们通过自己不懈的艰苦努力，都取得了事业的成功，成为各自所在领域中的骨干人才，使我深受鼓舞和激励。我们师生都成了心心相通的朋友，在我的工作和生活中，都给予我多方面的关心和帮助。他们还共同集资出版我的一些著作，召开座谈会，尽心尽力，我非常感谢他们。我的多数学生们在外地工作，还很忙碌，我去世时，先不要打扰他们，办完丧事后再告知他们。我作为教师，多年来还有许多应为他们尽责而未尽到的地方，请他们多谅解。告知他们，我带走了我们师生间的、永远剪不断的情谊。

留下句话作为纪念吧。"澌者无语孤影去，并刀难剪不了情"。（注："澌"即"死"，"并刀"，古代太原的刀剪锐利无比。人在死时，失去了思维的能力，已经说不出什么话了，但带走了心中永远剪不断的亲情、友情和世间的情谊。）

车铭洲

2019年5月15日

一点说明

2021 年 4 月 1 日清晨，车铭洲老师在天津病逝。由于疫情，香港自 2020 年初开始与内地封关。我既无法到医院探望恩师，也不能送恩师最后一程，这成了我心中永远的痛。车老师去世当天，远在美国的车颂发给我两份文本照片，我才知道车老师于 2019 年 5 月 15 日手书了两份遗嘱，一份给车颂，另一份给他的学生，题为《感谢学生朋友》。车老师是有大智慧的哲人，也是有至深情义的仁慈长者。在遗嘱中，他把身体力行 59 年的执教之道概括为"以学生为贵"。这五字真言，既是天下良师道德境界的真实写照，也是中华师道的升华结晶。我将此书敬献给车老师的在天之灵，用他的遗嘱作代序，只是为了再次说明一点：没有他，就没有今天的我。车老师的遗嘱是他众多弟子共同拥有的精神财富，他的每个学生出版著作时都可以用恩师的遗嘱为代序。以学术与教育为志业的读书人，凡是认同"以学生为贵"的，都是车老师的学生。

李连江谨识

2022 年 2 月 17 日

目 录

第一讲
以学生为贵

2021 年 4 月 1 日，车铭洲老师遽归道山。作为教育家，车老师留下了丰富的思想遗产，特别值得继承发扬的是他"以学生为贵"的教育理念。

以学生为贵，就是以学生为目的。康德说："你应当这样做，每时每刻都把人性——不论是你个人的人性还是任何另外一个人的人性——同时作为目的，绝不仅仅当作手段。"以学生为目的，体现了以每个人为目的的道德原则，具体表现为四个方面。

相信学生的创造力

车老师在《郑昕教授指导毕业论文的"要妙"》中回忆了在北大读书时向郑昕先生求教康德哲学的往事。他看不懂康德的天书，盼望老师传道授业解惑，郑先生却邀请他一起看电视，一面静等他自己用功，一面提供英文参考书，但闭口不谈康德。他反复苦读，终于在原始森林中独辟蹊径闯出一条小道，郑先生才把他拉上学术巅峰，让他看得更远更宽。他尚未下足功夫时，郑先生并不说他修炼火候未到，以免他气馁；他锻炼、发挥、体验了自己的思辨实力，郑先生才挑明一条重要的教育真谛："我知道，学生总是希望老师领着读书，但是教师指导研究性工作，主要的责任不是帮助学生读书，实质上，读书也是无法帮助的。学生必须自己读书，在读书中读懂书，在读书中学会读书，这项功夫是不能由别人替代的。你已经读了不少书，肯定有体会了。而且，同样一本书，不同的人读，会读出属于各人的新东西，这正是读书的一个最重要的目的。教师若给学生讲书，讲出的只能是教师个人的一种观点，很可能会妨碍学生产生他自己的新观点，也就失去了读书的真正价值。"车老师在南开带了几十名研究生，指导学生，正如郑昕先生当年指导他。

发现学生的潜力

车老师肯定学生的个人生命和事业的价值，同时让学生明白，个人的价值只有在为民族、为国家、为人类奋斗的神圣事业中才能体现出来。他说："一个人的创造性、完美的个性和独特性，只有在为一个伟大的目标而奋斗的过程中，才能培养和充分发挥出来。"他用心发现学生的长处，凭借自己的人生经验和学识，比学生本人更早更清楚地看到学生的潜力。车老师谦称，他的缺点是看不到别人的缺点。对他的学生来说，老师的缺点是莫大的福气。一些良好品质，学生向往有，但暂时还没有，车老师却已经看到了，表示称许，学生于是加倍努力，慢慢地就培养出了自己向往的品质。

激励学生真学

车老师根据亲身经验激励学生"真想学"，具体指导学生真学，尽心尽力鼓舞学生成才，引导激励学生充分开发潜力。真想学，就不在乎别人学不学，也不在乎别人学得怎么样；真想学，就会努力学好，不满足于差不多；真想学，就会对自己有耐心，不急于求成，不轻言放弃；真想学，就会更看重能力的提高，不计较知识的多少。

尽心尽力不是大包大揽，是鼓舞。车老师说："中国传统的'传道、授业、解惑'的为师之道，涉及教学的内容，没有说到教学的方法。我更同意德国哲学家黑格尔的观点，他说：'伟大的刺激和鼓舞是一个教师的主要功劳，主要影响方式。'依据这种观点，传授知识和解答问题，只是一种手段，教师的主要作用，是学生学习的刺激者和鼓舞者。教师如钟，学生学习如撞钟，轻撞则轻响，重撞则重响，不撞则不响。"

鼓舞是精准巧妙的指导。车老师关心爱护学生，自然严格要求学生，但他的严格表现为"点拨"，轻轻地因势利导，不硬推。他让学生"全面掌握英语"，听上去很轻，但显然不是个轻巧的要求；"学到高水平才有用"，听上去也很轻，敲在响鼓上，却是一记重槌，告诫学生不要浅尝辄止。

激励学生真学，靠的是以身作则，把自己的学术生涯变成一把火炬，点燃学生的学术志向和实践。车老师这样总结他的育才之道："教师的作用主要不再是传授已有的知识或技术，而是帮助学生建立一种主动学习和创新的人生态度，形成主动成长的价值观和生活方式。如果教师没有能力和方法去激发学生主动学习的热情，学生对教师讲授的课程就不感兴趣，听课没有激情，在课堂上精神处于休眠状态，学生也就学不到什么东西，教师也就受不到学生的尊敬，从而失去了教师对学生的影响力。"

待学生如子女

待学生如子女，是以学生的健康成长为目的，把各个教学环节都视为手段。授课是教育手段，自不待言；考试也是教育手段。"考、考、考，老师的法宝；分、分、分，学生的命根"，描述的似乎是常态，但用车老师的教育理念衡量，不仅不正常，而且可以说是病态。考试是有效的教学手段，因为考试对学生是激励，让学生有动力积极学习。但是，考试绝对不应该是对付学生的法宝。按照"以学生为贵"的教育理念，考试应该是教师提高自己教学水平的法宝。设计试题，是加深自己对教学内容理解的手段；判卷打分，是了解自己的教学方法是否得当的手段。假如以考试为对付学生的法宝，那就把学生当成了对立面，以考倒学生为成功，甚至以考倒学生为光荣。实际上，学生被考倒，恰好证明了老师的失败，甚至失职。

待学生如子女，是把学生的成功视为自己的成功，为学生取得的每一项成就感到由衷的高兴。以学生为贵，不在乎长久等待学生的成功喜讯，不在乎学生是否在成功时想到了老师，甚至不在乎学生是否及时把成功的消息告诉自己。车老师对自己的学生是满意的。2015年，回顾在南开大学任教的半个世纪，他欣慰地说："老师最高兴的无非就是学生超过了自己，学生都成材了，都为国家做了很大贡献，这是老师最高兴的事。"

待学生如子女，是始终把学生放在心头的第一位。2015年，车老师说："我们的老师的老师孔夫子说过：'吾老矣，不能用也。'我也老了，没什么用了。各位鼓励我老骥伏枥，那是鼓励的话，我做不到，我对同学们不能有什么新贡献了。但是，我不悲观。有一点我永远会做到，我还有一点永远去不掉的东西，永远留着，不仅留给在座的各位，也留给今天来不了的同学们，这就是我的一片情谊，这个情谊是不了情，是永远不了的师生情谊。我永远把大家的情谊留在心里，永远继续为大家的新成就而喜悦，继续为大家和你们全家的健康而祝愿，这是我自己表达的一点心情。"2019 年，车老师在给学生的遗言中再次表达了他对学生依依不舍的深情："我作为教师，多年来还有许多应为他们尽责而未尽到的地方，请他们多谅解。告知他们，我带走了我们师生间的、永远剪不断的情谊。"2021 年 2 月，临近人生终点的车老师对探望他的学生说："师生是一种友谊关系，师生相互影响。老师平等对待每个学生，给予学生鼓励。并不是老师给学生讲大道理，学生才努力，才成功。大道理和知识，学生都懂。好老师真心待学生，给学生积极努力的氛围。学生超过老师，就是老师的幸福。学生成功了，老师不会嫉妒，因为学生的成功就是老师的成功。"

凡学之道，严师为难

以学生为贵，就能赢得学生发自内心的尊重。车老师说："教师要想受到学生的真正敬仰是十分困难的。

古人说，'凡学之道，严师为难。'这里的'严'字不是'严格'的意思，'严'字专指尊敬、崇仰、仰慕的意思。学生不尊敬教师，实质上不是什么道德问题，而是教师的教学能力和教学方法问题。"

车老师赢得了他的学生发自内心的尊重。

第二讲
从师三十年散记（续）*

车老师学写作

车老师 1957 年至 1962 年在北大哲学系读书，那时，大学师生时不时被派到农村参加运动。黄枬森教授是著名哲学家，一年夏天，黄老师带车老师所在的班级下乡。老师跟学生同吃同住同劳动。夏天热，晚上大家都在外面乘凉。车老师瘦，不怕热，一个人在屋里。

黄老师正写一篇论文，稿子摊在床铺上。车老师说：我过去偷偷看了看，有重大发现。黄老师的稿子改动很多！删改很多，很多地方涂掉了，重写。稿纸上画了很多条线，从稿纸中的一个个字引出一条条线到稿纸边上，标明这里怎么改，那里怎么改。稿纸上画了很多圈，像圈地一样。

车老师顿悟了。原来老师写文章也要修改！

---

* 本文为作者《从师三十年散记》的续篇。《从师三十年散记》收录于《哲学与师道》，当代世界出版社 2021 年版，第 166—178 页。

他说，这是个很重要的收获。看到黄老师的手稿前，他觉得老师太厉害了，经常在《光明日报》发整版文章。他常想，黄老师怎么就能写那么多那么快，而且那么好，我怎么就写不出来呢？

看到黄老师的手稿后，车老师才知道，原来黄老师写文章也这么辛苦，要改来改去。

车老师说，那天晚上他感受最深的是老师写文章也要改。第二天就想到，老师写文章固然要修改，但毕竟跟学生改文章不一样。学生写一页，400字，改来改去最后可能只剩20个字。黄老师也改，一页纸最后能剩200字。

这就是差距。

教育是对话

机器的发明，令很多手工匠人失去了独立劳动者身份，变成了类似螺丝钉的产业工人。人工智能降临，开始取代普通白领，柜员机取代银行柜员，航空公司在机场设置检票机，让登机过程变成了智力测验。

面对人工智能的挑战，年轻人的应对之道是学编程，化被动为主动。即使在斯坦福大学这样的象牙塔顶，Python和machine learning（机器学习）也是热门课程。据说，人工智能完全可以取代电视台的某些主播。

不过，专家普遍认为，人工智能无法取代教师。2018 年 10 月，我去南开大学拜访车铭洲老师，聊天谈到这个问题。教育到底有什么特殊性，让人工智能无法取代教师呢？

车老师说，教育是人与人之间的互动，能产生只有面对面的人际互动才能产生的心理效应，甚至生物化学反应。

确实如此。教师不是教书的机器，学生不是接受知识的机器。毋庸讳言，有照本宣科的阅读机教师，有对着空气讲课的录音机教师，也有鹦鹉学舌的角色教师。但是，绝大多数老师是活生生的人，有值得传授的知识，有值得学生汲取的智慧，有过来人的人生经验与情感，也有当教师的职业道德。老师跟学生有眼神交流，会注意学生的反应，随时调整话题、语调、音量。即使不能表达独立思想的教师也是独一无二的人，他们的缺点也能对学生产生积极长远的影响。杨绛先生的回忆录提到一位被学生背后称为"孙光头"的孙老师，孙老师讲《论语》，说"子曰"就是"儿子说"。就凭这一点，机器人无法取代"孙老师"，因为机器人不会犯这样因为有趣而让学生记一辈子的错误。

讲课很像现场音乐会，音乐厅、乐队、指挥、听众，甚至天气，都会影响音乐会的质量，影响每个在场的人的感受。每次现场音乐会都独一无二。课堂效果，七成靠教师，三成靠学生。如果学生上课没反应，看手机、聊天、睡觉，教师会感到无聊。学生有兴趣，肯提问，相当于给教师发回积极的反馈信号。视频课的效果远远不如现场课，顶多相当于录制现场音乐会，写书类似在录音棚或录像厅制作 CD 或 DVD，可能多了一些精致，但少了很多活力。

正如车老师分析的，教学是沟通与互动。沟通是生活与事业的基本功，是易学难精的艺术。

治学与参禅

奥地利心理学家瓦茨拉维克 1987 年有个著名演讲，提到一个难题，姑且称为"一笔连九点"。就是一张纸上画了九个圆点，分布在三行三列，构成一个正方形。如下：

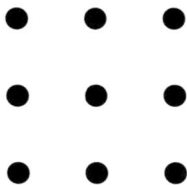

题目是：用铅笔连续画出四条线把九个点连接在一起，画线时笔尖不能离纸，线段可以交叉。

瓦茨拉维克说："我见过的人中，没有一个独自解决了这个问题。这个难题的有趣之处在于，每个尝试解题的人，都试图在由这九个点构成的正方形之内寻找解题办法。对我来说，这个难题是个绝妙的隐喻，彰显了我们每个人在生活中都一再遇到的一种处境。这处境就是，我们在寻找一个问题的解决办法时，自己给自己增加了一个问题本来没有的附加条件，因而就找不到解决办法。也就是说，每个人都尝试在这个正方形内找到解决办法，而实际上，我们画线时超出这个正方形才可能解决这个难题。也就是说，问题无法解决，并不是由于你遇到的处境无解，而是由于你尝试寻找解决问题的方式不对。你给自己增加的限制使这个问题变得无法解决。然而，这跳出框框的做法属于天才和创造的范畴，无法轻而易举地学到。毫不奇怪，这种跳出框框的解决办法常常显得不合乎理性，显得与健全的人类理智相抵触。"

接下来讲讲治学。有个学生反思道："最大的不足是做出来的东西会四平八稳，总是缺少那个 point（要点）。这些年在理论和写作上是有进步的，但好像缺少 point 的问题一直解决不了。"

我的老师中，车老师思想最富有创造火花，points 既多又妙。他的思维特点是：既严谨精密，又没有任何条条框框。这二者看起来是不是有点矛盾？如果你觉得有矛盾，那是因为你是在学术框框里看学术。在框框里看学术已经是很难达到的境界，有些人好像很努力，但似乎一直在学术框框外打转转。试问学界同仁，有几个敢拍胸脯认为自己已经进入学术框框，知道本研究领域的前沿？

进入学术框框是成为学者的先决条件。除非是维特根斯坦那样的超天才，从学生化身为学者，恰似从青虫到蝴蝶，要辛辛苦苦学懂掌握前辈学者呕心沥血悟到的道理和创造的知识。这些道理和知识本来是鲜活的，如同树上的果实，是果树的有机组成部分。然而，一旦果实成熟，一方面固然获得独立，但另一方面也失去了原有的血脉。成熟是生命的否定之否定，如果不细心体会，不设身处地，则体会不到知识与其原创者之间的生命联系。试想，我们在课堂听课，能体会老师百分之几的苦心？我们读书，能品味作者千分之几的心血？我们学到的东西一开始对我们完全外在，学会后也很难成为我们自身学术生命的一部分。它们没有融入我们的心血之前，就是那个九个点构成的正方形框框，无论我们在框框内如何努力，最多也只能与框框重合，四平八稳，相当于做出一篇合格的文献综述。

车老师怎样做到既严谨精密又没有条条框框呢？他的诀窍是：不在学问内做学问，不在哲学外谈哲学。他写西欧中世纪哲学史，身份不是 20 世纪的中国哲学史家，而是西欧中世纪的哲学家；他写现代西方哲学，身份不是当代中国哲学教授，而是现代西方哲学家。

学者与学术成为血肉相连、心心相印的统一体，学者自身成了活的学术。生命的本质是自我超越，学者生命必然发生的自我超越就是学术创造。这时，严谨精密与自由创造就自然统一，学术与艺术的人为边界也就不复存在。

学会自学

车老师说，学有四境：想学、真想学、真学、学会。

《从师三十年散记》记了一件事。1986年，哲学系学生会组织了一次座谈，主题是怎样学英语。我听说车老师主讲，就去听。主楼317教室坐得满满的，气氛热烈。主持人致开场白，请车老师发言。车老师接过话筒，开口就问：各位同学想不想学英语？听众显然有几分意外，坐在前排的几个同学小声说：想学啊！车老师接过话："想学？真想学还是假想学？真想学？那就学啊！只要学，怎么学都能学会！"

真想学，就真学，真学，就能从不会学到会学，从会学到善于学。真学，善于学，就能从不会到会，进而从会到精。不会，不是问题；不想学，是大问题；不真想学，是无法解决的问题。

坚持真学，假以时日，就能从不善于学到善于学。

善于学有两方面。一是善于向他人请教。善于请教有"三不问"：一不问笼统的无法回答的问题，二不问肤浅的让人不耐烦的问题，三不问有难度但答案不难寻找的问题。善于请教不等于一遇到问题就发问。每事问，至少标志着还没学会自学；每事问，还可能标志着不想自学。

善于学的第二个方面更重要，是善于自学。自学有三个窍门：一是化繁为简，二是化深为浅。第三点最重要，就是自信：相信自己足够勤奋，遇到问题就上网检索；相信自己足够聪明，能看懂检索到的材料，能分辨材料的真假，能判断材料的优劣。网络是知识之神的化身，谷歌里有极大化的百科全书，YouTube 里有极大化的世界一流大学。自学能力，就是检索能力。

万事开头难，学习的开端更难，需要有懂行的人指导。但无论老师多热心多耐心，都不可能手把手地教，只能在关键时刻点拨一二要诀。学生要用心听，更要动手实践，掌握了基本要点，就开始自学。自学就是自立，越早越好。

学业的成长，是个此消彼长的过程；请教的成分递减，自学的成分递增。有老师指导的自学，好比是飞机在跑道上加速滑行；开始以自学为主，相当于飞机起飞。

锻炼思维能力

车老师在北大哲学系的本科毕业论文写的是康德哲学。他读康德的书，听从郑昕教授的指示，看不懂，再看，读不懂，硬读，反复硬读，终于读通。车老师靠自己的力量读通了，如登泰山攀到南天门，郑教授觉得孺子可教，悉心指导，助弟子跃到玉皇顶。

车老师说，郑教授讲课效果欠佳，有些学生甚至质疑他的学问，觉得他名不副实。他得到郑教授真传，见识到郑教授的真功夫，悟到：老师其实是不愿花时间精力做无益之功，也不愿冒无谓的风险。学生不真学，老师无可奈何，多说无益。

确实，哲学是锻炼思维能力的智力体操。学生光听不练，老师说也白说。不止哲学，所有学问都如此。

车老师从哲学转到政治学后，读了不少政治学经典。有一次，他读萨托利（Giovanni Sartori）英文原版的《民主理论再探》（*The Theory of Democracy Revisited*），感慨政治学没有理论。这是习惯在崎岖陡峭的山路上攀上爬下的人忽然到平地的感慨。

活出真我

1981 年，车老师给我们年级讲现代西方哲学，平时有点空旷的主楼 316 教室忽然显得有些拥挤，走道上加了不少扶手椅。原来是一些 77 级同学来旁听。

倏忽 39 年，车老师虽然已是"80 后"，但思维言谈一如往日。我到香港任教快 24 年了，每次去天津，都像读研前一样去车老师家蹭住，像读研前后一样蹭吃，更重要的是蹭智慧。车老师是富有智慧的哲人，不仅仅是博学的哲学教授。他有自己的哲学，因而能发自内心地体会其他哲学家的哲学，把他们埋藏在文字中的思路与想法重新变成活生生的思想。车老师的课堂是哲学道场，与他闲谈是参禅。车老师在课堂上讲存在主义，描绘了海德格尔的"Sorge"，他译为"烦"，我倾向译为"忧"，意思相同："乱我心者，今日之日多烦忧"。关于海德格尔的"面向死亡之在"，车老师的解说是：人固有一死，有生必有死，有死却未必有生，所以生命宝贵，人生尤其宝贵，所以要活出真我。

什么是活出真我？车老师指出，活出真我有两层含意。肤浅的含义是追求表面的与众不同。记得车老师的原话是："无论出现在什么场合，都令人大吃一惊：哇！这个人！"

20 世纪 80 年代并非一贯开放，穿喇叭裤一度被指责是"奇装异服"。车老师不赞成某些人指责年轻人奇装异服。他说：服饰是约定俗成，没有什么"奇装异服"；"中山装"曾是奇装异服，"西服"曾是奇装异

服，"衬衣"曾是奇装异服；对襟褂子免裆裤，农民认
为不是奇装异服，但他们自己也不穿了。

有一次，天津和平路大明眼镜店前面，两个穿喇叭
裤烫卷发的小伙子引起路人围观，这两位顾盼自如，神
态洋溢着睥睨凡夫俗子的自得。如果他们知道时髦的哲
学术语，大约会自称"存在主义者"。

追求表面的与众不同，确实是存在主义的一层含
义。海德格尔本人是思考者也是实践者。他的口音、服
饰、举止，都被认为具有刻意打造的"小农"特色。他
拒绝去柏林大学任教，选择留在哲学本属的乡下之地，
建造"小黑屋"，生活起居像农民一样事事亲力亲为，
与哲学教授的身份格格不入。海德格尔还曾把表层的
"活出真我"推向极端：加入"德意志国家社会主义工
人党"，自告奋勇出任弗莱堡大学校长，时刻把党徽挂
在胸前，一直缴纳党费，直到纳粹政权倒台，毕生不公
开谴责针对犹太人的种族灭绝。

车老师说，活出真我还有深层含义，就是追求自我
实现。追求个人的自我实现，并不意味着追求做出惊天
动地的事业。活出真我就是自觉地生活，活得"有我"，
也就是说，既不"无我"也不"唯我"。哲人的心是相
通的，休伯特·德雷福斯（Hubert Dreyfus）有相似的解
释。他说，一个木匠，开始追求活出真我，并不意味着
改行。他每天仍在作坊干木匠活，但午休时，他忽然发

现近处的山坡上鲜花盛开，会前往欣赏花之美，感慨生命之美。他并不流连忘返，也不会脱光衣服在花丛中打个滚，但他活出了真的自我。这个境界，很像禅宗的禅悟人生。以下摘自张中行先生的《禅外说禅》：

> 大珠慧海禅师——源律师问："和尚修道还用功否？"师曰："用功。"曰："如何用功？"师曰："饥来吃饭，困来即眠。"曰："一切人总如是，同师用功否？"师曰："不同。"曰："何故不同？"师曰："他吃饭时不肯吃饭，百种须索，睡时不肯睡，千般计较，所以不同也。……是以解道者，行住坐卧，无非是道；悟法者，纵横自在，无非是法。"
>
> （《五灯会元》卷三）

大学毕业后，我被分配到抚顺石油学院马列教研室任教。1982 年至 1983 年，我住在第一教工宿舍终日不见阳光的 133 房间。开始有 6 个室友，后来减为 5 个，有时还能看见老鼠出没。那时，我认为自己是存在主义者。因为我天天在教研室用功，一位年长的同事善意地提醒我不要"个人奋斗"，但她的夫君似乎更欣赏我，不仅亲自来观摩，回家后还称赞"那才真是干'四化'"。

32 年后，2015 年 12 月 19 日上午，我在中国人民大学作关于学术研究与发表的第 6 讲，结尾时说了一段题外话："我们最后说一下名和利。学者当然要图利，没有利怎么生活呢？学者不能让家人过上中等的物质生活，是个人的耻辱，更是社会的耻辱。学者当然也要求名，不求名活着有什么价值呢？我们要在学术界生存，唯一的目的就是要建立自己的学者身份，而建立学者身份就是要创新、要承传，就是要突破自己的极限、突破学术界的极限，只有这样，我们才能在学术界有自己的名声。"

"学者追求什么？学者不能追求成就感，不能追求成功，因为成功是由别人来肯定的。我从来不追求成就感，我没什么雄心壮志，但是我有个追求，就是刚才跟各位强调的自我实现。祖祖辈辈给我们留下来的这点聪明才智是我们的资产。从小学开始，社会就给我们提供了很多特权，我们能上大学是以很多人不能上大学为代价的，我们能做学问是以很多人做那些枯燥的、重复的、无聊的甚至折磨人的工作为代价的。我们有这么优越的条件，遇到了这么多好老师，我们要努力实现自己的价值，这样才没白活。别人承认不承认我不在乎，我也不追求别人的承认。"

听起来有点像存在主义。

授徒的良知与艺术

李零先生的《丧家狗：我读〈论语〉》是学术巨

著，也是绝佳的电影脚本，遇到称职的导演和演员，可以拍成得奥斯卡奖的大片。不读李先生这本书，我也能连蒙带猜读懂《论语》的字面意义，但深层意义顶多能领会三成。

李先生是高人，我无缘拜会，只借陈新建先生的光得到李先生一本签名赠书。但我读《丧家狗》，能感受到作者授徒的良知与艺术，也体会到了孔夫子这位教师的祖师爷授徒的良知与艺术。具体说，良知是设身处地，毫不藏私；艺术是掌握分寸，拿捏火候：只能靠自己醒悟的，点到为止，让徒弟自修、自练、自省、自悟；可以言传的，细致入微，让徒弟一听就完全明白做什么，知道怎么做。

良知与艺术是矛盾。良知是独特的意识，艺术是独特的感觉，能言传的，不足一成。言不尽意，成功的言传，不足一成。言传者是火，受传者是薪。

言传有两个要素，相辅相成。麻省理工学院格里姆森（Eric Grimson）教授讲编程，区分"宣示型知识"（declarative knowledge）与"指令型知识"（imperative knowledge）。宣示型知识描述一个事实、一个状态，解释一个概念的意义。比如，这样例解平方根的意思：x 的平方根是 y，y 的平方等于 x，y 是正数。指令型知识陈述如何逐步计算出 y。对计算过程的描述是计算方法，简称算法（algorithm）。

例如，求任意一个正整数 x 的正平方根，称之为 y。四千年前巴比伦数学家发明的算法如下：

（1）任意猜一个答案，称之为 G（"G" 是 guess，即猜测）。

（2）如果 $G \times G$ 足够接近 x，停止计算，认定 G 就是 y。

（3）如果 $G \times G$ 不够接近 x，计算一个新猜测，公式是：（$G + x/G$）/ 2（"/" 是除号）。

（4）回到第 2 步，如有必要，重复第 3 步。循环往复第 2 步和第 3 步，直至在第 2 步终止，认定 G 就是 y。

我琢磨了很久，才明白这个古老算法的五个要点。

第一，平方根是个理想境界。"禅悟"是理想境界；"精通英语"是理想境界；"会做研究"是理想境界；"成为学术界一个品牌"是理想境界。理想境界通常不是一个点，而是一个区间。

第二，有些理想境界可以靠直觉达到，比如求 4 的平方根，没有数学天才也能靠直觉得出。天才与非天才的一个重要区别，就是直觉能力的强弱。

第三，天才与非天才各自设立适合自己的理想境界，各自寻找适合自己的正确解法。以禅修为例，六祖惠能的直觉能力高于神秀，所以惠能力主"顿悟"，神秀力主"渐修"。

第四，多数人的直觉能力不够强，不是天才。对非天才而言，绝大多数理想境界，靠直觉无法企及，不能靠顿悟。但是，无法达到，可以逐步接近。逐步接近就是迭代算法，就是渐修。

第五，逐步接近理想境界，有三个要点。一是化繁为简，用简单的步法逐步接近复杂的理想目标。平方根是理想目标，复杂；求平方根使用的算术是加减乘除，简单。二是设定标准，清楚什么是"足够接近"理想境界。三是接受"足够接近"，不求完美。掌握了这三个要点，就不仅知其然（what）和所以然（why），而且知其何以然（how）。

接受"足够接近"，就是接受自己能力只能达到某个境界，这是智慧。坦然接受自己能力有限，前提是已经尽了最大努力。衡量自己是否尽了最大努力，有个可靠然而需要高度警惕的指标，就是体验过劳。从无过劳体验，证明没有尽最大努力；体验到过劳，要及时后退认输，放松心态，恢复正常。学术研究是极限运动，极限运动就是在过劳边缘的运动。

1984 年 5 月，我结束在华中工学院的进修，返回抚顺石油学院，途中到南开看望车铭洲老师。车老师指示我"全面突破英语"。关于练听力和口语，他讲了当年在留苏预备班学俄语的经验，尤其是练发音的经验：早起，到操场上大声朗读，反正左右无人，不怕难为情；俄语的小舌音发不出来，就含上一口水练。

"全面突破英语"是车老师为我设立的理想境界；他练俄语听力与口语的经验是指点我学英语的算法。

那年暑假，我在抚顺石油学院的操场走了无数圈，从早上5点半走到7点，边走边背诵《新概念英语》第四册的课文，不知不觉中练出了说英语的胆量。张光兄赞助我的那部东芝录音机，在那个暑假发挥了极大功用。日本产品的特点是质量上乘，饶是如此，录音机的后退键（rewind）还是被我摁得脱了胶，跳出来了；驱动录音带的橡皮圈，因为疲劳过度罢了工。幸好室友沧州老乡刘占民兄心灵手巧，胶到病除，橡皮筋顶替橡皮圈，否则我就得花两三个月的工资再买台录音机。

很怀念在希望与绝望的交替中磨炼成长的艰苦岁月。

车老师隽语数则

大诗人的寥寥数语与大哲人的长篇大论等值。

球赛是集体运动，彰显团队精神的特殊魅力，偶然性大，运气成分大，悬念多，裁判的影响大，是文明化的战争。观察球迷怎样看球赛，可以判断社会的文明程度。

个人项目是单打独斗，彰显个人的真功夫。不过，体操跳水例外，裁判的主观打分影响太大。田赛、径赛、球类单打，有效限制了裁判因素，看起来最带劲儿。跑得快一点儿就是快一点儿，投得远一点儿就是远一点儿，运气的成分降到最低，实力的作用升到最高。

本科生要学会读书。会读书，指的是为提高自己而主动读书。高中阶段往往被老师领着走，甚至拖着走。读四年大学，要学会读书，知道自己对哪些书有兴趣，对哪些书没兴趣。

硕士生要学会批判。会批判，指的是围绕自己的关怀、兴趣和目标，发现知识的边界。对一个领域特别有兴趣，看来看去，会发现该有的还没有，也会发现现有的并非最佳。这就是批判。

博士生要学会创新。会创新，指的是修补知识的不足，纠正错误，突破边界，开拓新领域。攻读博士学位，目标就是学会怎样填补大大小小的空白，纠正大大小小的错误，开拓大大小小的新课题。

总而言之，本科生是知识的消费者，能吸收知识就合格；硕士生是知识的评价者，鉴赏精准就合格；博士生要脱胎换骨，从知识的消费者和评价者变成生产者，有创新才合格。

凡物都有保质期。近看，食品有保质期；远看，地球有适居期。人也有保质期。近看，精力有保质期；远看，人生有鼎盛期。个人的保质期会有一系列问题。个人与社会之间，每个人都有保质期，但很多社会机构是长期的，机构的岗位相应是长期的。比如，大学是长期的机构，大学校长是长期的岗位，出任校长的是有保质期的个人。这样就出现了一系列需要研究的问题。个人的质如何判断？保质期如何测定？如何保质？

实事求是，是科学方法，也是道德境界。作为道德境界的实事求是，有两个同等重要的方面。一是自己以实事求是为准则，二是尊重他人实事求是的权利。对世界的认识不可能穷尽，他人求到了他们的是，并不妨碍我们求自己的是；反之亦然。宇宙广大无边，世界丰富多彩，如果仅仅有"是"有"非"，只是黑白两色；有"是"，有"也是"，才是五彩缤纷。

留有余地

"艰苦努力是对的，但是要留有余地，每天有规律地增加点锻炼身体的时间。"这是车老师去世前不久对学生的叮嘱。

学术研究是极限运动，所以艰苦努力是对的；学术生涯是漫长的比赛，所以要留有余地。身体既需要静态的维护，也需要动态的更新，所以要有规律地增加点锻炼身体的时间。

学术研究是极限运动。什么叫极限运动？竞技体育是极限运动，赛跑、跳高、跳远，都是极限运动。自以为跑得快、跳得高、跃得远，没用，得超过其他对手才能折桂。要超过对手，先得超越自我。无论天赋多高，仅凭天赋也无法战胜冠军级的职业运动员。要艰苦努力，才能达到自己天赋的边界，进而拓展它；靠艰苦努力，发现最好的自己，发展最好的自己。

学术生涯是漫长的比赛。如果从读博士算起，预选赛大约6年，初赛6年，复赛6年，决赛20年。在学术界谋生存求发展，十分辛苦，不辛苦不可能有成就。

但是，辛苦不等于创造，要科学管理时间，艺术地、智慧地辛苦工作，才是在学术界谋生存求发展的正路。千万不要莽撞地突破自己的极限，突破极限是漫长的步步为营的蚕食过程。

既要艰苦努力，又要留有余地，似乎是自相矛盾。然而，生活本身就是矛盾，工作就是矛盾。工作就是劳动，劳动与休闲是矛盾。工作不是拼命，劳动与过劳是矛盾。哲学家说20世纪是"焦虑时代"，21世纪会变得更加焦虑。过劳，已经从异常变得常见，在包括学术在内的某些行业，已经变为常态。万幸的是，学术行业尚有较大的工作自主。一些学术产业的管理者识数不识货，固然让学者心寒气馁，但也不失为自保的机会。要自保，首先要正确看待过劳，明白一个简单的道理：有两种看待过劳的角度，一是治人的角度，二是治于人的角度。

心理学家罗伯特·耶克斯（Robert M. Yerkes）和约翰·多德森（John D. Dodson）把人的心理生理状态划分为三个区。

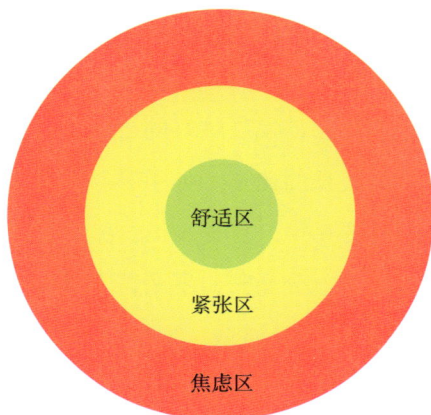

绿色区，治于人者称为舒适区（comfort zone）；治人者称为懒散区（idle zone）。

黄色区，治于人者称为紧张区（stretch zone）或风险区（risk zone）；治人者称为最优绩效区（optimal performance zone）。

红色区，治于人者称为焦虑区（panic zone）；治人者称为危险区（danger zone）。

学术生涯的特权是自主。在正常学术制度下，学者闯过非升即走的险滩，证明自己适合学术生涯，就能赢得较高的自主度，在治学上既是治人者，也是治于人者。由于这个特点，学者看三个心理区域，需要采取学者的视角。对学者来说，自甘平庸意味着故步自封，留恋舒适区；自强不息意味着每天都毅然离开舒适区几小时，进入最优绩效区；勇于开拓意味着不断把已经适应的最优绩效区视为舒适区。

更具体点说。每个学者，一分为二，既治人，也治于人；治自己，被自己治。管理自己的时间，统筹自己的精力，经营自己的才能。双重身份，决定了"三要三不要"。

第一，要给自己保留足够的绿色，但不要生活一片碧绿。绿色代表森林，森林是氧吧。绿色时间必不可少，但不能太多，多了就是放纵自己。体育运动是积极的绿色时间，不过也要适度，不要上瘾，不要在体育运动与身体健康之间画等号。

第二，要把每天的黄色时间最优化，但不要最大化。黄色代表黄金，黄金代表价值。最优业绩时间不能少，但不能贪。王积薪"围棋十诀"的第一条就是"贪不得胜"。黄金既标志成功，也诱发贪婪；金牌既奖励奋斗，也引诱过劳。"财富如海水，越喝越渴。——名声亦然"（叔本华《人生智慧箴言》）。

第三，要提防进入危险区。极限运动发生在紧张区与危险区的交界处，进入危险区是不可避免的，但不要流连忘返。迫于时势，有时不能不拼搏，难免过红线，但重要的是知道自己过了红线，更重要的是尽快退出危险区。不要以异常为常态，不要以红为黄，不要留恋危险区。在雷区逗留越久，触雷的概率越大。

最后说点可以操作的。是否具有对身心健康的高度敏感，关键标志是对自己的极限有没有清晰的意识，有没有可靠的观测指标。怎样判断自己是否踩了红线，怎样及时发觉已经进入危险区？

答案是注意倾听自己的身体发出的信号。

珍惜自己的健康，保持对身心健康的敏感，才能及时捕捉到身体发出的信号。我们的身体时刻都给我们发信号，关键是我们是否有心听，是否注意听，是否真听。

倾听生理健康的信号比较容易。弗洛姆在《爱的艺术》中说："普通人对自己身体的运转都有一定的敏感。他能注意到身体的变化，包括轻微的疼痛。获得这种对身体的敏感比较容易，因为绝大多数人都清楚身体状况良好时是什么感觉。"

容易，并不意味着人人都能做到。过劳的人对自己的身体健康也不敏感。常言说，赖赖巴巴的人能长寿，有一定道理。身体不强壮的人敏感，健康出一点问题就知道，就会小心应对。身强力壮的人往往过于自信，不生病时逞强好胜，得了小病不在乎，一旦小病变大病，很快就垮掉。

与倾听生理健康的信号不同，倾听心理健康的信号不那么容易，听懂更不容易。仍然引用弗洛姆在《爱的艺术》中的话：

"对精神过程的敏感却很少见，因为绝大多数人从来没见过精神状态完美的人。他们认为父母、亲人或社会群体的精神状态就是常态，只要他们自己精神状态不偏离这常态，他们就觉得自己正常，就没有兴趣观察自己的精神状态。孩子一哭，母亲就会醒，而更响的噪音却不会把她惊醒。所有这一切，都意味着她对自己孩子生命的变化有一种敏感；她既不恐惧，也不担心，是在一种清醒的宁静中感知，时刻准备接受来自孩子的一切有意义的信号。我们对自己可以具备同样的敏感。例如，觉得累，感到压抑，不要消极忍受，不要让招之即来的忧思愁绪加剧这感觉，应该问问自己：'我这是怎么了？为什么如此压抑？'注意到自己愤怒气恼，发现自己做白日梦，或以其他方式逃避现实，也要这样自问。在这些情况下，重要的是追寻真正的原因，而不是千方百计通过合理化逃避问题。我们应该倾听自己内心的声音，这声音经常会很快就告诉我们，我们为什么如此不安，如此压抑，如此愤怒。"

弗洛姆的忠告是，你要是哪天觉得特别爱生气，人家没说什么，你就特别生气，要提醒自己，可能是你自己出了问题。这就是敏感。每年春天，我都提醒学生要天天晒太阳。春季是香港高危季节，自杀率偏高。原因之一可能是天气潮湿，人处于一种胶着状态，阳光较少。晒太阳可以抗抑郁。

弗洛姆说白日梦是心理不健康的信号，无疑是对的。根据我的体会，从事脑力劳动，判断是否到了极限，更可靠的信号是累人的梦。怎样挣扎也跑不快，乘飞机赶不到登机口，坐火车赶不到检票口，醒了以后很累，甚至直接累醒，这是过于紧张匆忙的信号。梦中不堪重负，步履维艰，这是心理负担过重的信号。焦急地张罗，自以为考虑周全，未雨绸缪，然而处处出差错。他人似乎乐意帮忙，然而悠闲，看自己着急，丝毫不为所动。这是对人失望，感到无助的信号。本以为时间安排很宽裕，要做的事也不复杂，但是，阴错阳差，一错再错，赶到最后时刻也做不完，做不好。最后，焦急万分，懊恼万分，一惊而醒。这是懊悔错失良机的信号。更常见的梦境是考试：找不到笔，看不懂题目，想不出答案，写不出答案，这可能是脑力消耗达到极限的信号，也可能是因为拖延和下假功夫陷入焦虑的信号。做了这类梦，就进入危险区了，务必尽快退出。如果是因为拖延而焦虑，那就克服拖延症。如果是因为工作太紧张，时间太长，那就放松，少工作，做轻松的事，或者干脆不工作。不要硬挺，硬挺会让神经麻木，丧失敏感，把危险淡化为风险，后果就是过劳，过劳会制造灾难。梦是我们的守护神。"事情过后，环环相扣的过程总体彰显出我们的个性与能力。这时，细细观察，我们会看到自己如何仿佛灵光闪现，在我们的守护神引导下，避开千条歧路，踏上唯一正途"（叔本华《人生智慧箴言》）。守护神不屑于说人的有限语言，但尽职尽责地把警告和忠告默示给我们。我们要做的是：接受、领悟、信守、笃行。

人要活出真我，自然要追求成功。但是，下功夫是日常，拼搏只发生在关键时刻。人生只在极特殊的短暂时间处于生死存亡的战争状态，那时，要只争朝夕。多数时间是来日方长，要张弛有度，不要过于匆忙。

抽象地说，功不唐捐，功夫不负有心人，功夫下得越大越好。具体地讲，这个道理就不成立了。人生不是以天为计时单位，是以年为计时单位，学术生涯的计时单位更长。无论什么时候，必须关注的事情总是很多，不可能把时间精力只投入一件事。因而，一要慎重区分轻重缓急，二是凡事适可而止，紧要关头一定咬牙坚持，可以放松的时候务必尽情放松。优先做应该优先的事。学术生涯无悠闲可言，学会分辨轻重缓急不难，按轻重缓急安排事务很难，调节好心理与状态最难。

做不到张弛有度，不要找借口。珍惜自己，把自己的命当命，才能活出生命的价值，除此之外，没有更好的办法。

再说一次：哪天你做了个很累的梦，第二天必须休息，放松，不然就会过劳。

师母的教诲

谈车老师，自然会谈到师母。

车老师的家是个小家：他、师母、独子。车颂兄先忙于功课，后忙于工作，经常不在家。车老师家的年轻人不断，更多的时候是他的学生。车老师家，是我们这些学生的大家庭。

这个大家庭有两个主人，车老师传道授业解惑，鼓舞学生；师母关心照顾爱护，激励学生。

师母的性格，核心是：要强。

她讲往事，常发的感慨是："我就是机会不好。"

她称赞年轻人，常用的三句话是"知道用功""能吃苦""争气"；批评年轻人，常用的三句话是"不知道用功""不愿吃苦""不争气"。

她跟车老师比记忆力，把二十多个政治局委员的名字和排名记得一清二楚，说起来如数家珍；她牢记全国主要姓氏的人口数，告诉我：全国姓李的有多少多少人。师母说的是准确数字，我记不住。

她议论人物，常用的评语是："嘛大教授！还不如我这个农村老婆子呢！"边说边笑，经常笑出泪花。

1983 年，师母用质朴的语言教我如何脱困。她说：你别好好地给他们干！你干得好，他们更不让你走了。

你跟领导这么说："我小，学生们比我还大，我压不住台，上不了课。一来二去的，他们就放你走了。"

为了要强，必须示弱，是师母教我的大智慧。

我大女儿得到师母两件宝贵礼物，出生后，她得到师母一针一线缝制的布老虎枕头；结婚时，得到了师母从吴桥老家背到天津的小粗布被面。

师母的名字与她本人一样又普通又不凡：张淑贞。

四十年师生缘

我跟随车老师四十年，他把我变成了我自己的导师。怀疑自己的竞争力，我就想到他的话：学的人很多，学好的很少。觉得自己脑子空空没学问，想到：忘的是知识，能力不会忘。苦于想不出新见解，想想车老师出奇制胜的例子，提醒自己：一是可能遇到了陈旧课题，二是被既有论点束缚了创造力，三是尚未下足十成功夫。觉得自己学术成就不大，就想起他的叮嘱：留有余地，细水长流。

美丽地表达

车老师说："教师要起到影响学生的作用。"怎样影响学生？他说："精心准备，美丽地表达，无非就是这样。"具体谈怎样讲课，车老师喜欢用的比喻是"敲锣打鼓"。

敲锣打鼓是艺术。演京剧，锣鼓点不能错。奏交响乐，锣鼓点也不能错。在古战场上，击鼓进军，鸣金收兵。在课堂上，击鼓激励，鸣金提醒；峰谷交错，脉络才会清晰。

学敲锣打鼓，要下真功夫。当学生时，老师讲得精彩，学生学到知识，得到启发，但对老师的教学艺术只会外行看热闹。当老师了，仔细琢磨当年老师是怎样讲的，把想通的路数付诸实践，才能慢慢悟出门道。在实践中学会了讲课，反复实践，讲熟了，每次上台前仍要精心准备。上了台，站着讲，身体不僵硬，也不松弛，保持适度紧张，维持适度兴奋。既能准确简洁地讲出精心准备的要点，又能即兴发挥讲出高度兴奋的大脑冒出的新火花。

要做到这些，必须有足够的语言能力。讲课时不能意识到语言的存在，更不能觉得有语言障碍。海德格尔有个巧妙的比喻。刚开始学做木匠活，斧锤刨锯凿，各种工具都是一道关。修炼成木工大师，创作时各种工具得心应手，手用工具，但心不觉察到工具。这时，工具不妨碍创意，而是实现创意，辅助创意，刺激创意。对教师来说，语言就是斧锤刨锯凿。

大学教师同时是思想者和研究者，语言不仅仅是教学工具，语言水平就是思想水平和研究水平。以前有句套话：语言是思维的载体。20世纪的哲学家发现：语言就是思维，思维就是语言。就教学而言，语言能力良好，讲课的锣鼓点不会错。但是，艺术不能满足于中规中矩，曲尽其妙才是艺术。讲课时，言不尽意，弦外之音往往是要点。不具有母语或接近母语的水平，讲课很难敲边鼓，很难留好余音。用英语讲，我能"清晰地表达"；用母语讲，我才能追求"美丽地表达"。

教育必须实事求是。被教育学家教条化的双语教学是美好的理想，被大学管理者教条化的英语教学也是美好的理想。美好的理想是愿景。没有愿景，现实没有希望，过于苦涩。但是，以虚构的愿景为实践蓝图，胶柱鼓瑟，行动必然荒腔走板，必然结出苦果甚至恶果。耳闻目睹，硬推教条化的英语教学，罔顾教师与学生的现实语言能力，追求不可及的目标，往往适得其反。

第三讲
跟李约瑟先生学英语

老师的恩泽，往往就是在学生心中留下几句话。学生当时可能听不懂，或者不全懂，但是记在心里，有一天忽然就懂了。我在南开大学的恩师李约瑟先生说过几句话，我一直记着。

天下没有不查字典的翻译家

1980 年，李约瑟老师教专业英语。他上课方法独特，指定一个学生在课堂上领读、口译，其他同学提问、讨论，遇到解决不了的疑难，他解答。我是插班生。本来我觉得自己水平不行，不敢去上这门课。张光兄觉得我可以，就把我拉去了。

我在课堂上领读的是柏拉图对话《克里陀篇》(Crito)。有次上课，李老师认为我把"impious"（不敬神）读错了。查字典发现我的读音正确。他感慨，对待外语，不能有对待母语的自信，否则就是盲目自信，一定出错，闹笑话。学母语，我们可以大胆地将不认识的字读半边，学英语就不行。"真是活到老，学到老哇。"他还补充了一句："天下没有不查字典的翻译家。"

学外语就得有赤子之心

李老师夸奖女儿，说她学英语，听不懂不烦，反复听，有赤子之心。然后感慨一句："学外语就得有赤子之心。"

赤子就是小孩。小孩学东西，无论是学听、学说、学走，最不缺乏的就是耐心，反反复复，不厌其烦，不因为学得慢产生挫折感，更不会动辄耍态度："这么难学，学不会，不学了。"在这方面，我是李老师合格的学生。当年是，现在也是。我年过半百，复习德语，自学法语，仍有赤子之心。一节课文，听上百遍，忽然多听懂一个词，我就很高兴，觉得又长了点功夫。

李老师说，查字典要尽快从英汉词典转到英英词典，词典必须有例句，衡量词典水平的最重要标志是例句的质量。这句话，我过了十多年才有体会。现在体会更深，也灵活应用，学德语用德英词典，学法语用法德词典。

珍贵的记忆片段

李老师说，翻译不能求快，每天译三百字，就是很好的成绩。这句话，我先是听车铭洲老师转述的。车老师说，他"请教了一位有经验的翻译家"，得到这个答案。有次课间休息，常健师兄问李老师，翻译罗素的《西方哲学史》，每天译多少字？李老师伸出三个手指，说，"三百"。我才知道车老师请教的是李老师，不是王太庆先生。我年轻时翻译很快，最快时一小时能译四百字。然而，我2015年至2016年译叔本华的《人生智慧箴言》，平均每天确实只能译出三百字。

"这是不对的。"——李老师是《西方哲学史》上卷后半部的译者，前半部的译者是何兆武先生。商务印书馆在20世纪80年代重印这本书时，下卷没注明译者，我们很好奇，猜测译者可能也是"何兆武、李约瑟"。有位同学问李老师，他说，下卷的译者是马元德先生，但"那位先生犯了政治错误"，商务不敢署他的名，"这是不对的"。

好像是1981年，美国一位心理学家到南开大学讲课，现场翻译是钱建业先生。李老师也来听。讲座结束后，77级的一位同学说，李老师肯定也能像钱先生这样现场口译。李老师带着一贯的微笑说，日语，他肯定行；英语，他不行，都能听懂，但得全神贯注，没有余力翻译，更不能像钱先生那样出口成章。讲座中，专家说了一句话，钱先生译为"防患于未然"，一直安静的听众发出一片轻声的惊叹。

李老师说:"我希望你们20年之内有译著出版。"这一点,他的很多学生做到了。李老师说:"我希望我的学生中出一个王太庆式的翻译家。"他的这个心愿没有实现。假如我不因为谋生改变职业志向,也许能接近李老师为学生设立的奋斗目标。

李老师学问极好,可惜留下的作品不多。除了参与翻译罗素的《西方哲学史》,他还翻译了海涅的《论德国宗教和哲学的历史》(商务印书馆),署名"海安"。他告诉张光兄,取名"海安"是在困顿中图个吉利。车老师告诉我,王太庆先生从新疆回到北大后用过一个笔名叫"王复"。

永远也不会忘记

李老师还有几句话,是对我说的。1980年,"剩下不多了,小同学,照顾照顾""你坐下""大家看看,听业余英语广播讲座也能学好英语""26个英语字母,你现在能背了吗?""我以为你肯定有好几年的底子呢"。1983年,"你等等,先别说,我想想,你是——连江!""并不是所有学生的名字我都能记住""没想到,沧州这穷乡僻壤,出了个青年学者""你要是留了校,跟我,我调教几年,你就出息了""Are you always kind?"(先生听法语教材,随口翻译成英文)。最后一句,分量最重，是张光兄转述的，1980 年，"我为有这样的学生感到自豪"。

李老师单独对我说的这些话，我都牢牢记在心中。其实，不需要努力记。正如 80 年代侯德健的一句歌词说的：从来也不需要想起，永远也不会忘记。

学英语的十点体会

（一）英语的读、听、写、说都是真功夫。英语是事实上的世界语，在全球化时代极其重要，在后全球化时代益发重要。在社会上（特别是在学术界）谋生存求发展，最牢靠的底气是有点独家真本事，有一技之长，做一件事比别人强，至少比周围的大多数人强。在计算机时代，会编程是一技之长，英语好不仅是学编程的必要条件，更是应用和推销程序的必要条件。不要觉得，这么多人学英语，英语好就不再是一技之长。车铭洲老师 40 年前说的话仍然对：学的人很多，学好的很少。留学的多了，但留学生英语好的不多，英语好汉语也好的更少。不要误以为人工智能让学英语变得不再重要。人工智能越发达，越证明英语好是真功夫。谷歌翻译越来越高明，ChatGPT 横空出世。但是，这些人工智能程序与阿尔法狗一样，适合作陪练，不能取代棋手。要充分利用高明的训练工具，但千万不能拿它们当拐杖，否则走路能力就会衰退。辅助英文写作的人工智能程序，例如 Grammarly 和 Ginger，用得对有用，用错了就被误导。用对还是用错，取决于使用者的判断力，判断力靠英文写作水平。宣称人工智能时代学英语不再重要，要么无知，要么别有用心。

（二）300 多万年进化，人类演化出了可以遗传的大脑格式化基因，学语言的能力是大脑格式化基因的一种，包括辨音力、模仿力和创造力。但遗传的语言能力 10 岁左右就开始退化。因此，学英语正如学母语，最好练练童子功，充分利用天赋的语言能力。12 岁前，先天语言能力尚存，跟以正宗英语（英国美国的标准英语，不要学印度英语）为母语的老师学，效果往往事半功倍。特别是听力和发音，只有 12 岁前能听出细微差异，能模仿得惟妙惟肖。12 岁后，耳朵的辨音能力退化了，不能辨别相近的声音，就不能分别模仿。同时，说母语的各个器官已经练出肌肉记忆，变僵硬了，能辨别声音，但模仿得不像。除非禀赋特异，语言能力超强，否则无论下多大功夫，听与说都不可能达到母语水平，因此成年后学英语的几乎都有口音。读和写可能例外，但是，就听力和发音而言，真是过了这个村就没这个店。幼儿学语言的能力最强，为人父母的，只要经济条件许可，不要在幼儿教育上省钱，回报率最高的投资是幼儿教育，特别是学英语的听和说。

（三）没有练童子功的特权，先天语言能力退化后才开始学英语，也能学到"真好"，但要付出巨大努力，要满足很多条件。最重要的条件是把目标设高些，不满足于能对付。英语学到一定程度，不要觉得英语已经够用。够用不够用，取决于想做什么，想达到什么目标。法乎其上，得乎其中；法乎其中，得乎其下。把目标设高，不是说一开始就设个非常高的目标，但是一定要设个需要艰苦努力才能有望达到的目标，然后不断把目标调高。

（四）衡量语言能力，尤其是衡量外语能力时，有个习惯说法是：听、说、读、写。有些人认为学外语的顺序也是听、说、读、写。这是误会。听、说、读、写是学母语的顺序。天赋语言能力退化后，学外语的顺序是读、听、说、写。说的机会比写的机会少，退而求其次，学外语的顺序是读、听、写、说。除非是天赋语言能力不退化的奇才，如赵元任先生，否则不要奢望仍按听、说、读、写的顺序学外语。

（五）学英语，掌握基本语法，积累一定词汇量，阅读基本过关，不难，一两年就能做到。巨大的难关是听、说、写。要优先练听力，听懂是说的先决条件。说是对话。能听懂人家说，自己磕磕巴巴地说，只要人家能听懂，对话就可以持续。人家说了，自己听不懂，万事皆休矣。练听力，要听难度适宜的材料。是否适宜，阅读是衡量指标。浏览一遍文本,都能读懂,不适合练听力,内容太简单。浏览一遍文本,生词很多,只能看懂30%甚至更少,不适合练听力,挫折感太强,难以坚持。浏览一遍文本,有些生字,但能看懂一半或六七成,适合练听力。选听力教材,要选自己喜欢的,不仅喜欢文本,也喜欢声音。学习的头号大敌是厌倦,有美感,就有兴趣,不易生厌。泛泛地听,听新闻、看电视、看电影,能练出泛泛的听力,大概懂,但听不准,听不清。这样的练习很有用,能锻炼抓要点猜大意的本领。但是,不能一味地泛听,否则会无意中培养不懂装懂的本事。似乎听懂,实际没懂,但自信听懂了。时间长了,就习惯听不懂,习惯仿佛懂。泛听的另一个陷阱是容易制造华而不实的"用功感"和"成就感",好像花了很长时间听,其实是雨过地皮湿。练听力要舍得下功夫。每周7天,每天至少1小时,反复听几十秒(最多3分钟)的录音。听一段录音,听懂90%,已经不错了,但要每个词都听得很清楚,瞬间理解每个词的准确含义,还差10%。从90%走到100%,花费的时间可能跟从60%走到90%一样多。最后这10%非常困难,但是,如果英语听力是谋生存求发展的要素,就一定要争取达到这个目标。练听力最重要的诀窍就是对自己有耐心。每天练两小时听力,听一个月没长进,很正常,着急就是过高估计自己的语言能力。特别聪明的人往往学不好英语，因为他们学其他东西特别快，学英语短期不见效就会失去耐心。

（六）不要脱离课文背单词。背孤立的单词，很难记住，勉强记住了也是消极词汇，用处不大。语言的最小单位不是词，是句子。每个词都有很多含义，句子提供确定含义的语境。要下背功，背单词不是真功夫，背课文才是真功夫。背课文是记语境，整篇课文是大语境，每段话是中语境，每句话是小语境。脑子里装的语境越多，积极词汇就越多，语言能力也越强。背课文是主动记忆，熟能生巧只靠主动记忆。"把课文背下来，这段话就刻在你的脑子里了，就像牛、羊这样的反刍动物把草吃进肚子了，吃下去可以反复咀嚼，记住了可以反复在脑子里琢磨。如果你没把成段的话装在你的脑子里，就没条件反刍，没办法反复琢磨、反复体会。要培养语感，必须要反刍，不记诵成段的话无法体会语言的韵味。"背课文从精听开始。不看课文，一句一句反复听，边听边笔录，听到生词，按照声音查字典。短短一课，以英语为母语的老师一两分钟或两三分钟就读完，但当学生的听写要花四五个小时。实在听得山穷水尽了，再翻开课本对照，然后再听。听、笔录、核对，这个过程走完，一课就能记住六七成，再背诵就不难了。

（七）英译汉是下真功夫，是全面的训练。翻译可以培养学者必备的品质。首先是耐心。不管自己在一个问题上卡住多长时间，都不能着急。翻译最能练耐心，翻译时要做平时不肯做的事。平时读书，遇到不认识的词往往大度地跳过，不查字典。翻译时必须查字典，不查字典就闹笑话。明白一个词是什么意思，但想不出合适的译法，也要查字典，看字典怎样解释这个词，例句里怎样用这个词。翻译要选自己既感到困难又有兴趣的文本。觉得文本不难了，就换个艰深些的。除了培养耐心，翻译还有助于培养自我怀疑。自疑是学者必不可少的品质。翻译跟做研究一样，最大的危险是该怀疑自己的时候不怀疑，不怀疑就闹笑话。翻译还能提高汉语水评。不做翻译，体会不到英语的妙处，也不容易体会母语的妙处。

（八）练习说，最好跟以英语为母语的人对谈。但是，人人忙于生计，如果在国外，要舍得花钱请人聊天。每个人都最关心自己，最需要记录自己，也最需要介绍自己。用英语写自己的基本情况、日常生活、感觉、体会，做点与职业直接相关的书面汉译英，是下真功夫。写的关键是想象跟谁说。想得越清楚，写得越主动，写作能力提高得越快。把自己的基本情况写清楚，能有效提高练会话的信心。在美国，能免费练习听说的是英语查经班。不管在什么场合对话，能清楚介绍自己的背景，说清自己的感受和想法，都有助于提高对话的质量。

（九）有人说学外语要下笨功夫，有道理，但笨功夫不是盲目的功夫。无论学什么，下真功夫都分两方面：一是投入时间精力，全神贯注地主动学；二是留意自己怎样学效果较好。既投入时间学习，又用心反思，就会找出一个适合自己的方法。找到适合自己的方法了，就学会了。持之以恒，就能学通，进而学精。

（十）学以致用，最大的用就是谋生存求发展。一旦真正认识到英语的重要性，就会专心学，无论花多少时间，付出多少精力，都不会觉得投入太多，也不会觉得学得太慢。天赋不平等，成长条件不平等，但在"人尽其才"的标杆前人人平等。过了三十岁，听说能力达到极限，认命，然而无憾。过了四十岁，写作能力达到极限，认命，然而无憾。人生难得无悔，无憾是唯一可以追求的境界。

用英语写学术论文

本文分两部分，第一部分谈写作的技术问题，第二部分谈写作的视角问题。

一、技术问题

先谈三个技术问题。第一，我的真实英语写作水平。第二，大学毕业后留学美国的华人政治学者的英语写作水平。第三，提高英语写作水平值得注意的事项。

第一个问题很容易回答：我的真实英语写作水平低于我独自发表的论文显示的水平。我独自发表的文章，有一篇投稿前请费正清中心的 Nancy Hearst 修改过，是付费的。其他文章，只要是鸣谢里说明特别感谢欧博文老师的，都承蒙他逐行认真读过，指点过。另外，学术刊物都有专职文字编辑（copy-editor），我的文章的文字部分有他们的贡献。比如，《近代中国》的 Richard Gunde 水平很高，非常认真。由于上述因素，如果根据我独自发表的论文判断我的英语写作水平，一定会高估。高估别人就是低估自己，低估自己会削弱自信。这一段是我必须说的，没有丝毫谦虚成分。

第二个问题，大学毕业后留学美国的华人政治学者的英语写作水平。根据我的观察，大学毕业后留学美国的华人政治学者刚出去时英语底子差别很大，定型后写作水平大体上可以分为三个境界。第一，真正过关。以英语为母语的学者看不出他们的文章出自非母语作者之手，文章发表时不需要编辑把语法句法关。这些学者绝顶聪明，要么本科英语专业，要么在美国留学时间长而且专门修过写作课。第二，基本过关。以英语为母语的学者很容易看出他们的文章出自非母语作者之手，文章发表前需要出版社或刊物编辑把文字关。投稿时如果不请人修饰文字会让挑剔文字的评审感到不愉快，但因为能把话说清楚，不需要审稿人猜，文字水平一般不影响评审结果。第三，可以通关。以英语为第二语言的学者也能轻易看出文章作者的母语不是英语，投稿前必须请人修饰文字，甚至因为负责修饰文字的人看不懂初稿而必须反复修改，否则比较有地位的评审会拒绝评审。这些学者如果不肯花钱，径直把文稿投出，写作水平会影响评审结果。

第三个问题，提高英语写作水平值得注意的事项。首先，要区分写作问题与思维问题。用英语写论文，经常混淆这两个问题。写不下去，就认为是因为自己英语不好；写得不清楚，也认为是因为自己英语不好。英语不好成了挡箭牌，替思维不清受过。很多时候，问题不是英语不好，而是思路不清楚，不知道自己究竟想说什么。要判断是否如此，最简单的测试是用中文写，如果用中文也写不明白，就是思维问题。

其次，如果对某个词某个用法没把握，可以用谷歌学术检索。需要注意，检索结果鱼龙混杂，要能鉴别。首先要看作者是不是以英语为母语，其次还要看学科。自然科学刊物发表的东西往往不讲究语法句法。照猫画虎学写作也是个办法。专门模仿自己喜欢的人，是正确的选择。选择模仿对象并不容易，不能完全凭自己的趣味爱好，首先得看模仿对象在学术界是否受人尊重。法乎其上，得乎其中。此外，人工智能越来越发达，辅助写作的软件越来越聪明，是有力的工具。不过，工具毕竟是工具，用的时候要小心，否则可能受伤。

最后，语言是一字一句学的。每个单词都有三个阶段，第一阶段陌生；第二阶段见面认识，不见面想不起来，属于消极词汇；第三阶段是变成积极词汇，需要用时会自然想起来。学外语，最后达到的是三个不同的境界，标志就是积极词汇的质量和数量。多数人是收集一堆标本，比如背了多少单词，记住多少语法规则。标本固然有用，但缺乏生命力，要借用观音菩萨净瓶中的神水，用活的语境把标本养活，培育一个盆景。盆景是活的，但有严格局限。做社会科学研究，能培育个英语盆景就不错了。更少数人培植一个花园。达到花园水平，在各种跟学术相关的场合都能说能写，在学术界可以算成功人士。只有极少数大天才能用两种语言各自成就一片接近原生态的森林，远的如辜鸿铭先生，近的如钱锺书先生。设立现实的目标，才能建立自信。英语是工作语言，我们写作时只需要注重语言的表达功能，不需要讲究辞藻，当然更不需要追求文采风格。

二、视角问题

前面说的是写作的技术问题不易解决，还有个更难解决的问题是视角问题，就是我们常说的功夫在诗外。为什么讲这个问题呢？说个简单的事实大家就清楚了。

我们找一篇发在国内权威刊物的文章，找个精通英语的教授翻译成英语，投到国外的学术刊物，被录用的可能性很小。这并不意味着这篇文章学术价值不高。英语写作的难点，表面看是单纯的英语水平问题，实际上还有深层的东西。深层的差异就是诗外的功夫，大体上分为两个：一是树立批判的学科意识；二是树立学科积累意识。

第一，树立批判的学科意识。这听起来很堂皇，其实就是问题意识。英语世界里讲社会科学，相当于我们讲医学。医学家看人体，不强调人如何健康，重视的是人的缺陷和疾病。西方社会科学家看社会，跟医生看人相似，是用批判的眼光。国内很多学者习惯讲成就，讲成功模式，用这样的正面甚至赞美视角写文章，在英文世界的发表机会比较小。问题意识的另一个侧面就是市场意识。研究任何一个学科，都有很多题目可以选，但是这些题目在市场上的重要性并不一样。

第二，树立学科积累意识。积累就是贡献了新的事实或新的观点。真正的难关是证明自己的研究发现是新的。要做到这一点，得建立听众意识或读者意识，说话有目标听众，写文章有目标读者。用英文写关于中国研究的文章，一定要有个很硬的新经验内核。这不难，因为中国时时刻刻有新东西，变化快。难点是证明这个经验内核不仅对作者来说新，对于从事中国研究的学者都新，这些学者是目标读者。在新的基础上，还要有意思、重要、完整。我们对很多东西一知半解，知道一部分，甚至知道大部分，但很难把一个故事真正讲全。由于这个原因，越是高档次的中国研究刊物，比如《中国季刊》，在经验研究与理论创新的比例上越显得头轻脚重。根据中国的经验给政治学刊物写文章，也要求新，不过是要求新观点，这里的目标读者是从事政治学研究但未必对中国有兴趣的学者。给政治学刊物写文章，关键是挖掘现存研究文献的隐含前提，把中国的经验事实锻造成一根细细的棍子，类似高跟鞋的鞋跟，借助严密的逻辑推理和统计分析，构造一个头重脚轻的论证，挑战那个隐含前提的普适性。脚轻没关系，但必须硬。有的文章，脚不仅轻，而且脆弱飘忽，有点像后现代艺术，不欣赏的人会说是精致的垃圾。

结语

提高写作能力很像提高围棋棋力，做死活题、打棋谱有帮助，但最有效的是实战。实战不是乱战，得跟水平高于自己的对手下，最好还有老师复盘指点。独自努力，也能写好，无非就是多写，多改。写的时候彻底放开，不考虑什么语法句法。修改时要有足够的自疑精神。自疑建立在语感基础上，自疑越强，看名家的文章时越敏感。自疑加上耐心，不厌其烦地修改，写作水平就会逐渐提高。另外，投稿过程也是很好的学习过程。评审提意见，相当于高手给我们复盘指导。评审是尽义务，加上有匿名保护，多数评审人丝毫不留情面，有时甚至尖酸刻薄，仿佛评审水平不高的稿件浪费了他们的时间，有损他们的尊严。所以，看评审意见，光放下虚荣心还不够，还得放下学者的自尊，重拾学徒心态。总而言之，用英语写学术论文，提高英语水平固然重要，更重要的是有同行认可的真知灼见，此外还得有足够强大的心理。

第四讲
漫谈政治学研究

经济学家保罗·萨缪尔森有句名言：有能力者，研究科学；无能力者，侈谈方法。这句刻薄话不足以动摇方法论家的自信，但能让对方法论期望太高的学子头脑冷静。本文谈研究方法，可以算不打自招，承认作者至少在写这篇漫谈时没有研究能力。

社会科学有方法，方法有教材。但是，教材往往失于故作高深。少数方法论家喜欢设立人力不能及的高标准，以彰显他们高明。诚恳的学者，著述遵循常规，多论通途，少议歧路。总结经验，往往只谈有用的成功经验，舍弃更有用的失败经验。有的人，小有成就，谈方法沾沾自喜，回顾辉煌往事，落入夸夸其谈的泥潭而不自知，把侥幸说成灵感，把走无谓弯路粉饰为有益的探索，把犯愚蠢错误夸耀为成功之母。结果，方法论书很多，文章更多，但从成长中的学者角度看，不管用。修了方法论的课，往往也只是懂方法的字面意义，顶多学会纸上谈兵。要体会各种研究方法的深层意义，只能靠自己积累经验。所以，要学会做研究，唯一途径是实做研究。这一讲，供艰苦学习的年轻人疲倦时浏览。

照逻辑顺序（不是时间顺序），研究包括六个环节：选题、材料、分析、文献、写作、发表。依次讨论，最后发点议论，算结语。

选题

政治学与医学有可比之处。医学研究的主要对象是疾病，有夺命的，如癌症；有伤痛的，如关节炎；有令人烦恼的，如粉刺。政治学研究的主要对象是损害普通人权益的政治制度、行为、文化和价值观。研究中国政治，不妨先想想公认的重大问题，如毛泽东主席与黄炎培先生 1945 年在延安讨论过的历史周期率。选题时，先决定是否关心这个问题。确定了选题方向，再参照正反两面标准。正面，最低标准是决策者是否重视，最高标准是老百姓是否关心。反面，选题须过哂笑关，不能让同行窃笑，不能让研究对象嘲笑。一个问题，人人能说几句，个个言之成理，最好回避；只有专家敢说几句，其言未必成理，才可能成为课题。

材料

材料是自己独有的经验内核，可以是独家掌握的事实和数据，也可以是人人可得的数据，比如统计数据和文字报道。把人人可得的材料变成独家拥有，关键是深入解读，从新角度分析数据。有经验内核，研究才有根。

获取经验内核，常用三种方法，各有注意事项。访谈，须端正态度：是学生请教，不是"微服私访"；有备而来，期待惊奇；存疑不质疑，追问不挑衅；不指望获得"标准答案"，更不越俎代庖；用具体问题开头，多问"当时怎样""后来怎样"，少问"是不是""对不对"。整理访谈时，小心鉴别基本实情、疑似实情、策略应答、诚实谎言、选择性记忆、事后合理化。尽信访谈，则不如不做访谈。

问卷调查，应参考现成问卷，尽量少照搬；问题和表述最好来自访谈；抽样、操作要严守程序；好样本与好问卷不能兼顾，宁可牺牲好样本。

看文字材料，专注纪实。遇到翔实调查，特别是新华社记者的报道，不妨像品文言或啃外语一样精读。

材料有质，优质材料是栋梁；有量，只有栋梁盖不成楼房。要动态衡量材料的质和量。使用材料，分析材料，才能判断材料的质和量。不动手写论文，无法判断是否有材料，更无从判断材料的质和量。

分析

分析是尝试解释研究对象的"始、中、终"（邓拓语），从"三不知"走向"三知"。"分析"听起来深奥，其实就是问几个简单问题。论事件，问：是什么？为什么？怎么样？怎样了？论人，问：哪些人？什么人？谁跟谁？回答每个问题，都从个别到特殊再到一般，多走几遍，反复问究竟如何，在这个过程中检视现存的解释、概念和理论。同意的采用；不同意，想清为什么不同意，提出替代。

任何问题都可以作分析的切入点，选择取决于材料是否充足、分析技术是否适当。适当，一适合材料，二适合自身能力。

分析技术是无底洞，除非天才，无法完全掌握，实用主义是不二法门。平时留心，不求甚解；"急用先学，立竿见影"。不讲排场，勿弄玄虚；与其"载一车兵器"，不如善用"寸铁"（宗杲语）。

分析必有取舍。深描有取舍，才是分析，面面俱到，则越描越黑。取舍标准是因果机制，不离因果机制这条纲，就不会东拉西扯。

计量研究更要提防牵强附会。找出统计显著的相关只是起点，关键是找出相关的实质意义和背后的机制。

计量分析技术含量高，要谨防过度使用技术处理。计量研究，投入大，产出却未必高，要抵御诱惑，不搞变相复制。越应用高深技术，越要知所进退。比如，使用工具变量克服内生性问题，是高明手法，但妥当的工具变量可遇难求，若求成心切，就容易出偏差。

文献

要有明确目的地使用文献，而不是像提供学术公共物品一样总结文献。学者的天职是创新，综述文献是为了说明自己的研究新在何处，如何借鉴、超过了已有研究。

文献综述的歧途岔道不胜枚举，这里只谈四个失误。一是在文献中找研究前沿。自然科学信息传递快，最新文献基本就是研究前沿。政治学不同，论文从完成到发表，快需数月，慢则数年，在文献中找前沿十有八九会落空，较可靠的途径是参加学术会议，跟踪时事。

二是不辨文献真假，不分文献是否与自己的论点相关。不能辨别真假，则难免费力总结没有学术价值的出版物；不分辨文献与自己论点的相关度，文献综述就难免庞杂，面面俱到，不得要领。自己的论点越清晰明确，综述文献越有俯视感，越能有把握以让文章作者认可的方式"用其一点，不及其余"。

三是迷信文献，综述写得像名人名著名言录，不揭示欠妥的隐含假定，不指出事实的缺失，不指出统计数据解读的不足和分析的疏漏，忘记只有通过批评才能有所建树；只敢"我注六经"，不敢"六经注我"。

四是畏惧文献，只见其大，不见其小。表面看，文献浩如烟海。实际上，确定了自己的经验内核，就会发现相关文献不多。就像买衣服，不知道自己尺寸，满眼是衣服；知道自己的需要，才发现合身的很少。

写作

社会科学是思的学问，思想必须形诸文字。研究就是思考，思考就是写作。鲁迅先生那样的天才，可以从容打腹稿，动笔一气呵成。平常人，大脑内存小，处理器慢，杂念多，定力弱，宜边想边写，边写边想，写作就是思考，思考就是写作，两者合二为一。指望先想通后动笔，容易落空。动手写作，凭借文字思考，一能把胡思乱想变成沙砾，然后逐一淘去；二可把灵思妙感化作璞玉，进而精雕细刻。写作就是不断修改。欧博文（Kevin O'Brien）教授说，须改到昨是今非，改得厌倦反胃，才有望让正确的词出现在正确的句子中，正确的句子出现在正确的段落里，正确的段落由正确的逻辑链接。

写作过程像拼图，但图片需要自己加工。加工图片，取决于总体构想；修正总体构想，又仰仗对图片的把握。部分与整体突然合一，天衣无缝，那一刻或许接近禅宗说的"顿悟"。求顿悟，不能靠参话头，只能铁杵磨成针。图片加工，总体构思，越往后越难，"行百里者半九十"。欧博文教授说，完成论文的前85%需要15%的时间和精力，完成后15%却需要85%的时间和精力。

发表

文章是自己的好，横看竖看都顺眼。投寄刊物，先自信满满，后焦心苦候，盼到审稿意见，通常是冷水一盆，甚至当头一棒。先安顿受伤的自尊，再细品逆耳之言。认同，有则改之；不认同，无则加勉。学术界有渣滓评审，难免遭遇，但除非同时相信主编是君子，不必争论。学术界的政治也是政治，不要指望理据战胜偏见，不要奢求公义压倒私利。

除非投的是顶级刊物，否则论文直接被接受也许标志着贱卖了论文。获允修改再投，就是成功；被拒，也不是失败，继续探索学术市场；修改后被拒，只要自信把文章改好了，就投到更好的刊物，相当于争取到一个机会。屡改屡投，才会突破极限；不改屡投，只能不断就下。

论文每投必中，甚至稿约不断，对年轻乃至中年学者来说，通常是祸非福。不下苦功就能获得的成就感，令常人沉沦，诱天才草率。学者不怕少作幼稚，但若因懈怠懒惰出笑话，悔之莫及。欧博文教授常告诫学生：学者除了名誉，一无所有；别人未必能记住你最好的五篇论文，但多半会记住你最差的五篇。

不要以顺为逆

学术的艰辛和愉悦都在于探索。选择重要课题，建立事实硬核，深入分析素材，形成创新论点，清晰表述成果，准确运用文献，耐心寻求发表，是个互动过程，无法硬分先后，但必须下真功夫。真功夫就是动手写，天天写，黄金时间写。

只要是实做研究，不是单纯做文章，永远不会驾轻就熟。有研究经验，能知道黑暗中大体摸到何处，离洞口尚有多远，少些惶恐茫然，多点耐心坚韧，如此而已。已有的成绩，只是自信的凭据，不是成功的保证。除非甘心自我克隆，否则选题就是自讨苦吃，材料永远繁杂难解，文献总是半生不熟，分析必须挖空心思，写作始终惨淡经营，发表永如万里长征。天才自当别论，"忽悠"更须别论，中人之材而有志于学，听听实话，有助于增强耐心韧性，少受以顺为逆之苦。

（本文的较早版本为《学者的 KISS 境界：政治学研究方法漫谈》，发表在《中国社会科学报》2010 年 2 月 25 日第 5 版。）

第五讲

读博的意义在于学会做自己的导师

攻读博士学位，意义很多，但首要意义是在极限实践活动中尽量准确地认识自己的才能和强项。个人事业的成败取决于管理自己的才能。管理才能就是把才能发挥到极致。要管理才能，首先要认识才能。但是，我们到底有什么才能，除了姚明那样的极少数例外，并不显而易见。对绝大多数人来说，一大难题就是无法轻易准确地判断自己有什么才能。

要准确认识自己的才能，发现最强、最好的自己，唯一的途径是真实地试探自己，主动接受最严格的试炼，主动探索发现自己潜力最大的那个天赋组合。就从事脑力劳动而言，读大学能够全面认识自己，全面考验自己。年轻，精力好，耐力强，不妨最大程度发挥自己的智力、耐力，看自己在哪个方面有较持久的兴趣、较大的爆发力、较强的韧性。从而判断自己更适合做什么，探索发现最强的自己。认识清楚了，不妨直接入行，不必读硕士，攻博士。读硕士是在选定的范围内继续认识自己。选定一个方向，测试锻炼提高能力，也锻炼突破极限所需的坚忍与耐心。攻读博士能够专门测试自己在某个领域的创新能力。创新是突破极限，不仅突破自己的极限，也突破本行的极限。各行各业都需要不断创新，即使不进入学术界，攻读博士学位也是极致的锻炼。

学生心态

读博是生命的转变，固然要做出具体的研究成果，更重要的是锻炼研究能力，培养研究眼光，实现从学生到学者的脱胎换骨，也就是学会做自己的导师。这是个不短的过程，需要虚心耐心，更需要转型意识，主动摆脱学生心态，自觉地积极培养学者心态。

学生心态有三个特点。第一，把依赖老师视为常态，遇到难题，不是先竭尽全力自己解决，在尝试突破自己极限的过程中锻炼能力，而是希望老师尽快帮忙。学生心态首先是应试心态。写了论文，做了研究，希望老师打个分，这就是学生心态。

第二，不喜欢老师批评，不喜欢自我批评，也欠缺自我批评的能力。不喜欢批评，喜欢赞扬，是人的本性。"闻过则喜"，是违反人性的修养标准。如同其他高标准严要求，"闻过则喜"，纯属自欺欺人，能做到闻过不迁怒于批评者，就是圣贤。自我批评是最重要的生存能力，也是最重要的成就事业的能力。心理学研究发现，世人心目中的成功人士，过度自疑的概率较高。过度自疑，是自我批评过头，从健康的追求完美变成了病态的完美主义。盲目自信与过度自疑都是病态，但是，就个人与他人的利益而言，前者危害较大，后者危害较小。

第三，擅长批评他人，不善于批评自己。博士生，尤其是博士候选人，都具备导师的眼光。一旦变成批评者，分析能力和写作能力都能充分发挥，甚至超水平发挥。点评别人，特别高明，眼界也好，知识面也好，洞察力也好，分析能力也好，一下子就爆发出来。但是，一看自己的东西，神奇的本领就似乎忽然都消失了。善于疑人，不善于疑己。有当他人导师的能力，无做自己导师的心态。

摆脱学生心态，从入学第一天开始就写博士论文，至少从通过博士资格考试成为博士候选人的第一天开始。写不出来没关系，写不出来才需要写。博士论文是创作出来的。博士生常有的心态是，我先把问题想清楚，文献看完，方法都学会，数据都搞明白，再开始写。天才或许能这样做。中人之材若这样想，可能永远写不出论文。对非天才而言，这样想有自我迷信之嫌。

学会创新

做博士论文研究，目标是学会怎样填补空白，纠正错误，开拓新课题。博士论文总得有点新东西，这个新，并不是你觉得新就新，要整个学界都承认新才算数。创新不可教，但可以在研究实践中自己醒悟。有志于创新，就是有志于超越导师，有志于在自觉的实践中摸索领悟创新之路。

新就是品牌。攻读博士学位是脱胎换骨的挑战，是从学生变为学者，不仅要树立创新意识，还要树立品牌意识，自觉地把自己打造成学术界的品牌，为将来变成名牌奠定基础。

学会疑己

博士生从学生变成学者，需要从疑人转变为疑己。学会用怀疑别人的眼光怀疑自己，学会把批评他人的能力百分之百地用在自己身上，也就是变成自己的导师。鲁迅先生伟大，在于他有勇气也有能力怀疑自己："我的确时时解剖别人，然而更多的是更无情面地解剖我自己。"

培养怀疑、批判的眼光和能力，有一定的难度。李零先生说："治学之难在于，我们常常分不清我们知道什么和不知道什么，特别是不知道我们不知道什么。孔子也喜欢说'不知'，但并非真的不知道，而是知道也不告诉你，借以表示不满。"（《丧家狗》）答这三问，靠经验，也靠直觉。这直觉类似猎手对猎物的直觉。猎手的视觉不如鹰，嗅觉不如狗，但清晰知道想找什么，隐约知道到哪里找，大概知道怎样找。导师之为导师，是不仅能回答三问，还能大概判断如何找到答案。

最难的是把怀疑的眼光和能力用在自己身上。怀疑别人不如怀疑自己。怀疑别人、批评别人只能增加点虚荣，怀疑自己才能提高自己。元朝高峰和尚"尝语学者曰：'今人负一知半解，所以不能了彻此事者，病在甚处？只为坐在不疑之地'"（洪乔祖《高峰原妙禅师语录》卷下）。学法修道如此，做研究也如此，学人必须常处疑地。常处疑地，既疑人，也疑己。疑人，不用学，自家会。疑己才是真功夫。疑己就是高度警觉自己可能犯错。学者最重要的素质不是"自信"，而是"自疑"。稍觉不妥，就起疑；小有疑问，就起大疑。没有自疑，或疑而不问，必犯大错，出硬伤。方法和技术错误，都铁板钉钉，无争辩余地。怀疑自己才对自己有用。

敢于学习

修水库，往往导致逆水到上游繁殖的鱼类灭绝。我猜测，逆水而上，不到出生地不繁殖，是自然选择的结果，也是自然选择的机制。以西伯利亚三文鱼为例，在淡水河上游孵化，顺流而下，在海洋生活。成年后逆水而上，挣扎到上游出生地繁殖，一路惊险万状，每一道坎都可能跳不过去，还可能正好跳进踞守等候的饿熊之口。侥幸到达目的地的，自然是强者，完成传宗接代的使命，个体生命即告结束。一道道艰难险阻，就是进化机制，个体优胜劣汰，保全物种生生不息。

人类也有知难而进的特点。攻读博士学位，就是知难而上，有几分像 20 世纪 60 年代的登月计划——登月，不是因为月球有宝藏。美国前总统肯尼迪说："这个目标能让我们组织并测量我们的最佳能量和技巧。"读博，能让学生组织并测量自己的最佳能力与技巧。

从教师角度看，指导博士生，目的是帮学生突破一道道关卡，达到目标，然而手段是制造一道道关卡。在这个意义上，指导博士生是项自相矛盾的任务。我在系里开设的研究设计课，就是这样一门自相矛盾的课。这门课的特点是：我尽最大努力想出针对每个学生的真话，也尽最大努力以每个学生能接受的方式说出真话。

在这样的课堂上，学生说真话很难，老师说真话更难。老师说真话，首先得有真话可说。真话是真言，老师的真话，就是唐僧的紧箍咒。唐三藏念动真言，孙行者就头疼难忍。话说回来，孙悟空虽然跟菩提祖师学了一身战斗本领，但要成为斗战胜佛，还必须约束滥杀无辜的作恶之心。约束住了，金箍就被观音菩萨收回了，不待苦主"打得粉碎"。

这门课很难教好，因为效果取决于师生双方能否开展有建设意义的对话。学生是潜力股，精力旺盛，好奇心强，但缺乏自知，也缺乏自我批评精神。解剖刀锋利，然而刀口一贯向外，针对同学，针对老师，唯独不针对自己。勉强对自己下刀，也是避重就轻，意思意思而已。批判眼光对人不对己，疑人不疑己，是横亘在学生与学者之间的巨大山脉。越是优秀的学生，往往越难打破学生角色的桎梏，越难自己跨越这道险关，因而也就越需要逆耳忠言的外力刺激，甚至需要道破英雄短处的临济断喝。

老师的难处首先是决定是否值得对某个学生说真话，其次是说真话时拿捏轻重。说得轻，无用；说得重，不仅无用，还伤感情。言者觉得是和风细雨，听者可能觉得是暴风骤雨。说真话有多难？恰当说真话有多难？空口说不明白，举例为证。有句真话，两个版本。一个版本是：从学生到学者的惊险一跳。另一个版本是：从优秀学生到平庸学者的惊险一跳。都是真话，意思相同，说哪一个，怎样说，是教学艺术。

师生很难对话，因为有代沟。年轻的本质就是过度自信，没有过度自信，就不可能成就伟业。年轻是莫大的优势，但是，有优势就有劣势，有长处必有短处。年轻的劣势莫过于不自知。从不自知到自知，从只知道自己的长项优点到也知道自己的短板缺点，从知道自己的长项优点到把它最优化，从知道自己的短板缺点到把它补到不至于拖后腿的程度，是一道道逆势而上的险关。

老师是过来人，有经验，也就有许多条条框框。在这门课上，时刻遇到教育的悖论。一方面，老师要引导鼓励学生把诸多潜力中的最优潜力和最优潜力组合最优化。另一方面，人非神，没有几个老师敢说自己有识破少年英雄短处的炬眼，更没有几个老师敢直言不讳地道破少年英雄的短处。这是师道的真相，也是师道的风险。"从学生到学者的惊险一跳"，有点刺激，基本四平八稳。"从优秀学生到平庸学者的惊险一跳"，很容易引起误会，需要做点说明。新科博士的综合实力是平庸的。平庸是因为经验不足，创新精神和充沛精力的优势被拉平了。

从平庸学者到优秀学者，不是惊险的一跳，是漫长的修炼。经验的积累就是消化各种挫折，精力要尽量保持保护，不惜留下点吝惜时间的名声，创新精神和学习兴趣保持终生。研究运气好，得贵人相助，才能从综合实力平庸的新锐学者逐步成长为优秀学者。

优秀学者，综合实力上乘，在学术圈稳居前 10%；研究直觉上乘，稳居前 5%。天资中上，就可以成为优秀学者。从优秀到杰出，天分占七成，运气占三成。从杰出到伟大，天分占九成，运气占一成。

惊险，有惊，有险。有险，就不可避免有人遇险；遇险，就有无法脱险的可能。学术的路走不通，早日遇险，另选他途，是莫大的幸运。所以说，博士生要敢于学习。

跃龙门靠自己发力

竞争力是锻炼出来的。衡量教育制度的优劣，标准就是看它是否有利于培养锻炼学生的竞争力。保送上大学不是好制度，因为学生少经受一道锻炼。保研更不是好制度，它可能成为弱校截留学生资源的工具。学术竞争力弱的学校或院系，通过保研截留优秀学生，可能误人子弟。被保研的学生，往往在被保后放弃努力，特别是放弃在最需要下真功夫的科目（例如英语）上下功夫，结果耽误自己。

导师有义务帮助学生变成他们自己的导师，博士生有责任努力把自己变成自己的导师。从学生到学者，正如鲤鱼跃龙门，归根结底靠自己发力。

修行在个人

从学生转变为学者会遇到三个无形然而强大的拦路

虎。首先是心智的疲倦，然后是心理的厌恶，最后是生理的腻味。但是，为了脱胎换骨，跃过龙门，必须一一应对，躲不开，绕不开，耐心周旋，一关一关地过。

成了学者，只是赢得一个身份，站在了一个较高的起点。每项研究，甚至每篇论文，仍是一个自我折磨从而自我超越的过程。蚌生珍珠，靠的是磨，付出的是痛苦。学者不能指望达到驾轻就熟的境界，更不可能达到庖丁解牛的境界，游刃有余云云，是英雄欺人之谈。原因很简单，研究课题比牛复杂千万倍。

学术研究的本质是创新，这决定了学术生涯的本质是孤独。学术交流，表面看像公费旅游，其实主要功能是给学者一个透气的机会。前提是，学者对学术交流环境有足够的信心，不担心自己辛辛苦苦种出的桃子被听众中的有心人一把摘走。

学生总希望有个外在的对话对象，希望外在的对话对象答疑解难，帮忙判断自己的见解是否正确，是否新颖。学者压根儿不再抱此奢望。一方面，学者已经磨炼出足够的耐心，树立了足够的信心，也巩固了足够的恒心，能督促自己不断冲击自己的极限，不断超越自己的极限。另一方面，学者很难遇到知音，更难遇到可以保障学术合作的环境。

无论教育技术怎样更新，教育的本质不会改变，学生的宿命不会改变：师傅领进门，修行在个人。

变成自己的心理咨询师

从学生到学者是全面的蜕变，一个不易观察然而至关重要的维度是心理的成熟，成熟的标志是变成自己的心理咨询师。

心理成熟过程是一道道地过关。一开始，过关靠老师提供的心理咨询。入耳，入心，想通，奉行，吸收，老师的点拨化为自己的心理素质。心理越成熟，过关越靠自己。

每个人情况不同，过的关也不同。我过了很多关，记忆清晰的是下列四道。

第一道关，学的人很多，学好的很少。我中学没学过英语，进大学后从零开始，压力巨大。有段时间我不想学了，因为很多同学基础很好，也在用功学。车铭洲老师用一句话解决了我的心理问题。他说，学的人很多，学好的很少。

第二道关，到的地方越高，往上走越难。也是读本科时，我问车老师为什么学英语长时间不进步。车老师说，这叫高原现象，你到的地方越高，往上走越难，很长时间觉得没进展是正常的，继续走下去，就会突破高原区。

第三道关，遗忘的是知识，忘不了的是能力。有一次，我跟车老师说，晚上躺在床上时感到很惶恐，觉得自己什么都不会，脑子空空的。车老师说，我们学过的知识会忘掉，但是在学习过程中获得的能力是忘不掉的。

第四道关，研究的前百分之八十五炼铜，后百分之十五炼金。这是转述欧博文老师的话。他说，研究一个问题，最优秀的记者能做到百分之八十五，最优秀的学者能做到百分之百。不过，学者必须经受一个心理考验，做好后百分之十五，花费的时间和精力超过做前百分之八十五。

学术生涯比智力，比体力，比毅力，也比心态。学者雇不起心理咨询师，只能自力更生。多看看心理学家的分析，多听听哲学家的见解，自省，自悟，自律，一时的觉悟变成长久的智慧，就成了自己的心理咨询师。

博士生的长项与短板

用围棋段位衡量批评能力、研究能力、自我批评能力，博士生的平均水平分别是九段、七段、五段。批评他人的能力九段，学术创新的能力七段，自我批评的能力五段。我的起点低于平均水平，读博士时的三项能力分别是七段、五段、三段。

批评他人的能力是九段，不比导师弱。参加会议也好，课堂讨论也好，只要是谈他人的研究，理论点评头头是道，方法批评一针见血，擅长屠龙。不仅如此，提出的研究建议富有想象力，不乏创造性。不过，发挥批评能力容易产生廉价的成就感，乐此不疲，虚荣心就会膨胀。

研究能力七段，比硕士强，比博士弱。做创新研究，很难实现突破，不会雕虫。放弃学业，得不到博士学位，有点尴尬，也有点可惜。好在研究能力可以提高，前提是下真功夫修炼，当然也要遇到既有真功夫也肯传功的导师。

短板是自我批评的能力，只有五段，甚至更低：看见弟兄眼中有刺，不见自己眼中有梁木。看自己的论文，横看竖看，怎么看怎么顺眼，越看越顺眼，自我欣赏，自我催眠，直至自恋。给学术刊物投稿，明明是高攀，要力争得到同行评审的认可，然而感觉是低就，仿佛投稿是给刊物面子。

上述九段、七段、五段的组合是正常的，是学者成长过程中的自然现象，也是绝大多数学者必然经历的阶段。承认这一点，证明有自知之明。

从博士生到博士，从知识的消费者变成知识的生产者，是从学生到学者的质变。实现这个质变，要把研究能力从七段提升到九段，很难；把批评能力保持在九段，不难；难关是把自我批评能力从五段提升到九段。

提高自我批评的能力最难，然而最重要。学会像批评他人一样批评自己，不仅需要提高自我反省能力，更要提高自律的毅力。学会批评自己，才能培养精益求精的工作伦理，提高人生境界，脱胎换骨。

攻读博士学位很辛苦，饱受挫折。不过，如果下几年苦功夫能实现人生境界的飞跃，即使毕业后不做学术研究，也值得。

第六讲
鉴别导师真伪与得真传

道有真伪，学有真伪，师有真伪。求道，求学，一需要真导师，二需要得真传。

野狐禅

张中行先生的《禅外说禅》是本奇书。他对禅宗的看法是辩证的。一方面，他承认一些大德必有超乎常人的智慧，否则不可能言行与信念高度一致。另一方面，他也怀疑一些禅师的奇言异行，暗示他们参的是口头禅，甚至是野狐禅。野狐禅的故事如下。

百丈禅师每日上堂。常有一老人听法并随众散去。有一日却站着不去。师乃问："立者何人？"老人云："我于五百年前曾住此山。有学人问：大修行人还落因果否？我说不落因果。结果堕在野狐身。今请和尚代一转语。"师云："汝但问。"老人便问："大修行人还落因果否？"师云："不昧因果。"老人于言下大悟。告辞师云："我已免脱野狐身。住在山后。乞师依亡僧礼烧送。"次日百丈禅师令众僧到后山找亡僧，众人不解，师带众人在山后大磐石上找到一只已死的黑毛大狐狸。斋后按送亡僧礼火化。

神话说的道理很平实：修行能让人不执着于因果，但不能让人超越因果。

禅宗有野狐禅，学界有假学问。冒牌的自然科学家造假，骗人的人文社会科学学者制造垃圾，由来已久，不足为奇。一百六十多年前，叔本华就说过："为了保存与提高人类的知识，广而言之，为了促进令人类高贵的智力活动，某些国家在某些时代会设立专门机构。然而，无论在什么地方，无论这些机构是大是小，是富是穷，一旦成立，野蛮、兽性的欲求不久便会悄悄现身，貌似愿为实现预定目标而努力，其实只是想获取为实现目标预留的报酬。各个学科中常见的欺骗，根源就在于此。学术欺骗的方式五花八门，本质只有一个，就是丝毫不在乎学术本身，只是煞有介事地装模作样，貌似献身学术，实则追求个人自私的物质目的。"

鉴别导师

求学如参禅，导师教的你不懂，不契，不要匆忙断定自己慧根不深，根器欠佳，要大胆怀疑，猜测也许导师参的是野狐禅，不契，不是你的问题。鉴别导师的明暗，有三套指标，可做参考。

（一）导师是否承认自己有所不知，出了错，是坦然承认，还是文过饰非，甚至迁怒指出错误的人。导师是否言谈话语流露着一贯正确；文章著作洋溢着事实无所不知、方法无所不精、理论无所不通；讲台讲坛上以通才、天才、鬼才自居。谈如何做文献综述，仿佛大脑是电脑。动辄开个长长的书单，声称都认真看过，都读懂了。谈方法，故弄玄虚，一会儿"定性方法"，一会儿"质性方法"，一会儿"质化方法"。是否特别爱谈理想，渲染天才如何特立独行，甘于清贫，一鸣惊人。发表记录是否神奇，让你觉得就是放手抄袭，也写不出那么多论文和专著。

（二）导师是否承认自己当学生时学得很辛苦，谈学生时代，是历数光环，还是实说苦功。是否明说或暗说：为什么这么简单的东西你也不会，我当年没学就会了。是否承认研究一直做得很苦，发表更苦。是否声称有魔杖，能教人如何创新，声称创新"很容易"。教研究方法，培训学术论文写作，是否许诺零基础、速成。谈研究课题和论文写作，是否仿佛写作可以按部就班，仿佛学术创新能像五年计划一样有准确的进度。

（三）导师是否要求学生做他们当年做不到的事。冒牌的导师有共性，就是只对人不对己，只要求别人做到，不要求自己做到，而且知道自己根本做不到。

如果是，有两种可能。一是遇到了天才。天才往往当不了好老师，因为他不明白你为什么学不会，体会不到你的难处。二是遇到了参野狐禅的假导师。

三套标准，分辨真假导师。真导师是好老师，当个好教师很不容易，记忆力要足够强，虚荣心还不能太盛。记忆力强，才能记住自己当学生时学得有多难，记住自己的成长是多么不易，记住从老师那里得到的指教是多么宝贵。虚荣心不爆棚，才有勇气在自己学生身上看到当年的自己，才有足够的良知，像当年老师对待自己一样对待学生。假导师不认真指导，简单苛评学生，满足廉价的自负。这样做，不仅有失自尊，还自曝弱点。一证明自己记忆力太差，二证明自己虚荣心太强。如此而已。

师生是缘分，学术只是人生的一条路。论文写不好，学问做不好，顶多说明这个学生跟学术研究缘分浅。除此之外，不说明任何事情。每个人都有独特的才能，都有独特的生活方式。良师之为良师，就在于能在每个学生身上看到独特的优点。导师的责任有两个。首先，实事求是地告诉学生自己当年感到的惶恐，不粉饰、不自夸地告诉学生：自己如何连滚带爬，误打误撞，既用功，又交好运，侥幸走通一条路。其次，作为过来人，设身处地地帮学生评估比较优势与比较劣势，评估朝哪个方向探索既能抓到鱼，又能抓到经济价值比较高的鱼。

下真功夫才能得真传

一本书，有一句令人念念不忘的话，一个值得反复回味的故事，就是传世之作。围棋国手陈祖德先生的自传《超越自我》有这样一段话："杉内九段在我国的每场比赛都是轻取，今天他陷于苦战了。当然，我更艰苦，但我若不艰苦才怪呢，而杉内这样却有些出人意料。他平时那符合'棋仙'雅称的飘逸洒脱的对局姿态逐渐消失了，给人看到的是一位职业棋手正在绞尽脑汁、奋力拼搏的形象。"

陈先生讲透了个人奋斗与拜师学艺的真谛。老师有真功夫，也愿意传真功夫，仍然不意味着学生能得真传，还需要一个必要条件，是学生真想得真传。在科学研究的棋盘上，学生与老师是平等的对手，学生要向陈祖德先生那样，用自己的真功夫让老师"绞尽脑汁、奋力拼搏"。遇到难题，自己认真想，网上认真查，找同学认真谈，解决不了，再问老师，才可能得真传。如果自己不下功夫，不走到穷途末路，有问题就发问，图轻松，走捷径，老师应付裕如，只用一分真力，这是浪费老师的时间，更是浪费学习机会。就像学围棋，跟高手下指导棋，自己不绞尽脑汁，高手指导得潇洒自如，当然学不到真功夫。

在今天的大学校园，遇到明师不算难，但是得真传变得更难了。老师在学生身上花的心血偏少，已经成为普遍现象。客观原因，除了空间阻隔，最突出的是老师面临巨大的研究与发表压力。可是，对学生来说，如果不能得到老师个人化的关注，只在学位生产线上呆三年五年甚至更长，即使个人用功，拿到学位，往往也仍然徘徊在老师书房外，能学到学术界的常识，得不到老师特有的真功夫。

要想得真传，学生只有一条出路，就是积极赢得老师的优质时间和真切关注，至少达到最低目标，最好达到最高目标。最低目标，就是自己下真功夫学，让老师在指导时不能轻轻松松，必须费心费力，施展十足真功夫。博士生能不能得到导师的关注，得到的关注的质量，取决于能不能给老师提出有刺激力、有挑战性的问题。对老师毕恭毕敬，当面背后都仰视，是误入歧途。可以恭敬执弟子礼，但做研究谈学问不要仰视老师。

还有最高目标，就是研究老师感兴趣但并不擅长的问题，帮老师长功夫，不是简单地登堂入室学到老师已有的功夫，而是帮老师把研究做得更好，长功夫。香港中文大学的熊景明老师说过：博士生选题，最好找一个比导师懂得还多的题目。自己攀高峰，也推动导师再上一层楼，与老师一起突破各自的极限。不是让老师手把手地教，而是与老师手把手地合作。这样，学生不仅学会老师原有的功夫，还掌握老师刚长的功夫，而且与老师共同创造这新功夫。这样得到的，是旧功夫的真传，也是新功夫的真传，还是创造力的真传。

求学不易

求道难，求学也不易。向明师学，下真功夫学，是不二法门。

学者的基本功

"基本功"容易被误解为"简单的功夫"，"简单"进而被误解为"容易"，于是"基本功"变成了"简单易学的功夫"。这种误解很普遍，根源是只看到了"简单"，忽略了"功"。其实，基本功只是貌似简单，最难练好。难，不是动作复杂。恰恰相反，正是因为动作简单，容易学得像模像样，形似。难在"功"。启功先生说得好："功夫是准确的重复。"基本功难练，在于"准确的重复"。

人有学习的本能，但这种本能靠的是好奇，好奇需要新鲜刺激，重复意味着枯燥。简单的，重复起来就枯燥，一枯燥，就难坚持。小孩学走路时，兴致勃勃；学会了，需要跟父母走长路，就让父母抱，不全是因为体力不足，更多是因为厌倦。厌倦是练基本功的头号敌人。不信，练武功的，站站桩；学书法的，临临帖；学外语的，读读字母表；用外语从 1 数到 100。只要尚未自我陶醉到自恋的程度，立刻就能测出自己基本功的深浅。

在学术界求生存谋发展，要练好三大基本功。第一是自觉但不过分地自我批评。排名第一，因为最难。自我批评，难在违背人的本性。叔本华说，虚荣是人的本性。没有人能完全克制虚荣心，自我批评的前提是缩小虚荣心。但是，无论缩小多少，虚荣心总是顽强地存在，坚决地与自我批评逆反。慢慢学会自觉地自我批评，就是慢慢学会克制虚荣的本性；学会自我批评时不过分，就是学会与本性妥协。本性不可战胜，只能克制，只能妥协。本性是自由奔放的生命力，但是，每个人必须创造性地约束自己的生命力，才能在有限的一生中，把某一方面或某几个方面的生命力活出灿烂的火花。在不过分的前提下，自我批评越严，接受他人批评时获益越多，受伤越轻。爱因斯坦也被拒过稿，而且是成名后。但是，物极必反，自我批评过严，会伤害甚至摧毁自信，陷入抑郁。抑郁的天才是一大悲剧。

第二基本功是谦卑地接受其他学者的批评，也难，根源也是虚荣。为什么要谦卑？因为批评是上手指导下手。如果被指导的不先谦卑下来，即使上手没有丝毫傲慢，下手也会感到傲慢，因为指导本身意味着傲慢。一旦有资格指导他人，几乎没有人能完全抑制虚荣，多多少少总会有几分自我欣赏，有几分自负。闻过则喜，作为自我勉励，不失为求上进的圣贤心态；作为自况，必是英雄欺人之谈；作为指令，是苛刻的堂皇招牌，幌子而已。

第三基本功是善意高明地批评其他学者，似易实难。似易，因为技术上相对容易，眼高手低是常态，正常发挥眼高的优势就能做好。修炼眼界，花不少时间和精力，但提高眼界比提高手上功夫容易得多，也愉快得多。因为提高眼界最容易让人有成就感，我经常提醒自己抗拒这种诱惑，也提醒学生不要当学术鉴赏家。实难，因为需要修炼与人为善的心态，很难。怎样修？办法之一是相信因果报应。今天对他人不公平，明天就可能受他人报应；今天对他人公平，明天就可能得他人回报。相信因果报应，修炼与人为善的心态也需要时间。

基本功要练，但要在实践中练。不论是语言、理论、方法还是技术，敢用了，就是学会了；用对了，就是学好了；用出新意，就是学精了。

问题意识

导师批评学生，最重的话是：没有问题意识。简单的事，一旦与学术沾边，就容易戴上大帽子，让人听不懂。问题意识就往往被掌握学术话语权的导师玄妙化。

什么是问题意识？勤劳大半辈子的老农民嫌年轻人懒惰贪玩，说：眼里没活儿。勤快的父母嫌孩子不做家务，说：油瓶子倒了也不扶。翻译成学术话语，就是：没有问题意识。心中有问题，就是这样想：这里出了什么错？为什么出了错？我怎样去纠错？

厨房的油瓶子躺在地板上，是个情景。有的人看不出任何错：油瓶子稳稳地躺在地板上，没什么不对呀。有的人能看到一点小错，油瓶子应该直立，现在躺平了，不过，瓶塞很严实，没什么大不了的。有的人能看到很多大错：油瓶子倒了，可能漏油；厨房有明火，可能发生火灾。三组人的差别在于问题意识的有与无、强与弱。

英国哲学家休谟认为，人之有别于其他动物，在于个人会养成习惯，群体会建立习俗，个人会接受社会习俗。社会科学的对象是社会习俗和个人行为，个案研究着重分析一个社会的特点，比较研究侧重揭示多个社会的异同，理论研究探索人类社会的共性。研究自己所在的社会，容易遇到的盲点是习以为常，熟视无睹，把异常视为正常。比如，封建时代看缠足，多数人把残酷的陋习视为正常的习俗。缺乏医学知识，就可能以不健康为健康，比如以肥胖为发福。

培养问题意识，需要学习科学知识，还需要保持善意、警觉和勇气。善意，是孟子说的"不忍人之心"。自己身体康泰，但不忍见他人遭受痛苦，是"不忍人之心"。这种善意，是医学的灵魂，也是社会科学的灵魂。警觉，是清醒和敏感。登峰造极的清醒，就是屈原的自况："众人皆醉我独醒。"勇气，是敢想问题。叔本华说："是什么造就哲学家？是勇气，敢于不把任何问题存在心头。"

　　问题意识，正如安全意识、健康意识、权利意识，可以培养，但需要时间，也需要痛苦的刺激和深刻的教训。社会科学学者的问题意识，首先来自对现实的观察与思考，其次来自文献的验证。自己没有观察，就看不到文献的空白与不足；自己没有想法，就觉察不到文献的不妥甚至错误；自己想得不透彻，就无法在文献的字里行间看到隐藏的不成立的假设。自己有观察，有思考，有见解，为了验证自己的见解是否新颖，看文献，觉得不对劲，产生疑问，就有了自己的研究课题。

悟性

　　有声的言语是具体的，加上独一无二的语境，是最有效的沟通媒介。说出的话与写成的文字一样，不能尽意。但是，语境可以显示不能穷尽的部分，至少可以显示最重要的部分。构成语境的，有背景知识，有物理环境，有难以描绘的情绪与心理，有文字无法反映的语调和语气。不过，即使在同一个独一无二的语境中，一组人听同一个人说话，每个人听到和获取的内容还是千差万别，区别来自背景知识，也来自悟性。

书面的文字是抽象的。理解书面文字的过程很复杂，最关键的是构建作者的原初语境。构建好了，就与作者会心不远；构建不好，就不理解作者在说什么，不理解导致厌倦，厌倦的结果是排斥。读同一本书，每个人读到的内容不一样，反应不一样，区别来自背景知识，也来自悟性。

教师必须设法与学生沟通，既要课堂讲解，也要写讲稿做课件让学生参考。谈治学是特殊的教学，是较有经验的学者与较少经验的学者沟通。谈治学，讲与写都需要认真准备内容，也要设计表述，尽量扫清拦路石，尽量提示陷阱，让听者或读者通向理解的路径少点障碍。除此之外，还需要有心理准备。讲课，要承认"言者谆谆，听者藐藐"是常态。写书，要承认"都云作者痴，谁解其中味"是常态。悟性正态分布，不承认这一点，就会失望。

关于治学的书不好写。无论怎样精心挖掘，落在纸面上的毕竟是经验的总结，不是鲜活的经验。谈治学，不宜讲通则。通则成立，但离个人体验太远，很难化为可以付诸实践的细则。常识是通则，有用。讲常识，力求细化，把常理变成可以操作的具体建议，才可能有用。是否真有用，取决于读者的悟性。

写关于治学的书，是与成长中的学者对话。不过，写作不同于面谈，顶多能形成具体的细则。然而，从具体的细则到独特的建议，还是横亘一道鸿沟，书本很难助读者跨越。书本对读者是否有用，有大用还是只有小用，取决于读者的悟性。

悟性可以自估，但自估往往流于自诩，靠谱的自估靠实践和比较。测试有没有悟性，靠下真功夫。判断一块石头是不是可以引火的燧石，最可靠的方法是用力撞击。测量自己的悟性，靠冷静的比较，不断与昨天的自己比较测量，不断与其他实践者比较。大学毕业，最晚硕士毕业，关于悟性的自我估计就应该完成了。攻读博士学位的意义在于开发悟性，不是估计悟性。

悟性的获得靠天赋，开发靠自己的实践。实践就是练习或习练。有没有某方面的悟性，悟性的高低与潜力，行家能大致判断，但行家不一定直言相告。准确点说，略通世故的行家一定不会直言相告。

第七讲
关于选研究课题的几点建议

社会科学是以社会为研究对象的生理学、病理学。病理学是仁者之学，研究疾病是为了保障健康，治病救人，不是为了制造疾病。社会科学首先区分社会的健康与疾病，其次探讨疾病的治疗与控制。社会科学家兼有科学精神和社会关怀。对社会科学学者而言，科学精神首先是问题意识，就是心中有个疑问：这儿出了什么差错？体现在方法上，科学精神是实事求是。实事求是，是社会科学研究的底线，写文章的侧重点可以调整，角度可以调整，但不能以偏概全，不能罔顾事实。社会关怀是积极的批判态度。创新意识就是贡献意识，发前人之未发。新，无非三类：新事实、新概念、新方法。具体说，选题时，不妨考虑四个方面。

对己对人都重要

选课题，首要考虑是对自己来说是否重要，自己是否发自内心地重视。熊景明老师说：博士生选择论文课题，对问题有真诚的态度是前提，真诚关心，研究的发现和意义才会成为做博士论文研究的真正动力。如果研究不是发自内心关怀，学术生涯枯燥无味。关怀，兴趣可以持久。缺乏真诚的人文关怀和理论好奇，就没有使命感，就可能浪费生命和天赋，学术生涯也就失去了一半意义。

除了自己关心和重视，还有三个客观标准有助于衡量课题是否重要。最低标准是站在决策者角度看，中等标准是站在学术同行角度看，最高标准是站在普通民众的角度看。第三讲说过，最低标准，决策者对某个问题的忧心度越高，这个问题的学术价值越重要；最高标准，普通民众对某个问题的关心度越高，这个问题的学术价值越重要。选题要有经世致用的意识，但不在学术界之外求闻达，不搞政治投机，不赌博。守住学者本分，不越位。

比较容易操作的是中等标准，就是看学术界同行是否重视。一个问题，人人能说几句，个个言之成理，是议题；只有专家敢说几句，其言未必成理，是课题。同行学者的研究兴趣越高，勇气越小，课题越重要。

选题是选学者身份，也是预选学术地位。选课题，就是在学术界的三个角色中选一个：王、帅、将。不能选择当普通一兵。普通一兵不能有特色，不能独当一面。《英雄儿女》中的王成不是普通一兵，是独当一面的将，"是特殊材料制成的人"。以经济做比喻，可以在三个角色中选一个：创业者、设计者、手工匠人。不能选择当流水线工人。流水线工人不能有特色，很容易被他人替换，甚至可能被机器人替换。每个学者都是个品牌，没有自己品牌的学者不具有真正的学者本质，也就没有真实的学术存在。

比别人早半步

选题最好比别人早半步，不要凑热闹，学术问题成为显学了，热闹了，离它远点。最好是把冷门变成热门。护路不如铺路，铺路不如开路，开路不如架桥。早太多不行，谁也不理你。早半步，等你的东西做完了，其他学者跟进的时候你已经可以转移阵地。早半步的好处是可以少做不喜欢的事，比如读文献。做文献综述，老师总说不全，你又不愿意去弄全，觉得很多所谓文献是垃圾。如果你选的题别人还没写出东西，就少了这个麻烦。

早半步有利于占领阵地，巩固阵地。车铭洲老师教导学生树立阵地意识，他也身体力行。西欧中世纪哲学是个阵地，现代西方语言哲学是个阵地，车老师进入这两个阵地时，根本用不着刻意占领，因为是大片空地，无人区。因为是空白，所以不容易被发现，被发现了，也会因为是空白，胆怯者不敢进入。研究现代西方社会哲学、人生哲学的名家很多，车老师在研究一个学派和一位哲学家之间掇出"思潮"二字，研究现代西方哲学在观念上的重大转折，是在貌似拥挤的研究领域发现了无人行走的新路径。这新路径无人走，因为难；因为难，所以通往更高处。这样因为难而新，因为新而难的路，一旦走通，就占领了制高点。

回顾学术史，总会觉得过去空白阵地多，其实，这个观感可能是因为占据了回顾的高地，有后知后觉的优势。在处于过去那个时候的人眼中，空白地并不多，往往根本看不到空白地。现在看不到空白点，是因为我们处于现在，其实现在仍然有很多空白阵地，只是我们看不到而已。发现空白，需要眼光，也需要勇气。

导师与学生是同事，导师的眼光较高，学生的能力较强，精力较充沛。导师能大致判断何处有大鱼，但自己心有余力不足。学生如果既富有积极探索的精神，又在吃不准时信任导师，就比较容易在与同辈人的公平竞争中先行一步。世间万事，看起来容易，实际上很难。领先一步很难，保持领先更难。

有比较优势

无论在哪个领域，都需要注意开拓自己有比较优势的小小阵地。大片的空白地少了，但貌似被完全覆盖的研究领域中仍有很多空白点。因为难所以新的路径似乎少了，其实还有很多，只不过难度更大而已。

选题是选竞争对手，不是选战场上的敌人。学术界是个复杂的竞技圈，分许多竞技场，诸如自然科学、社会科学、人文科学等学科；每个竞技场分成许多小赛场，例如社会学与政治学；每个小赛场又像举重拳击比赛一样分成许多重量级，例如政治学中的理论研究与国别研究。刚进这个竞技圈的年轻人，往往不能准确判断自己属于哪个小赛场的哪个重量级，但这正是年轻气盛的优点。既然不清楚自己的重量，那就往高处估计，不能妄自菲薄。

恰当的选题，是姚明以"大鲨鱼"奥尼尔为竞技对手，不是阿Q以王胡或小D为斗殴对头。姚明刚到NBA打球时，"姚氏火锅"似乎专门侍候奥尼尔。那时，只要奥尼尔与姚明单挑，不管结果如何，姚明都是赢家。"小土豆"内特·罗宾逊身高一米七五，敢封盖姚明，道理相同：封住了是胜利，封不住不是失败。

选题要考虑自己三方面的比较优势：资料、方法、理论。以重要性排序，理论优势最重要，方法优势次之，资料优势末位。然而，以可行度排名，次序恰好相反，资料优势第一。熊景明老师说：巧妇难为无米之炊。先了解有没有可能找到足够的材料。学术市场意识或生存意识，指的是学术竞争意识；清楚自己的比较优势与比较劣势，扬长避短，扬长补短。

可以持续

课题可持续，就有二次进攻能力。学术成熟的标志是从与他人对话到与自己对话。博士论文是进学术界的敲门砖。但在学术界谋生存求发展，需要二次进攻的能力。衡量一个年轻学者跟一个年龄比较大的学者，最容易观察的指标就是看年轻学者写文章时跟谁对话，资深学者跟谁对话。学术进步的标志是从单纯与他人对话到与包括自己在内的学术共同体对话。如果我们选择了一个有持续性的课题，在这个课题上进入了最前沿，保持了最前沿的水平，写文章的时候就是跟自己对话。跟自己对话也很难，超越自我非常难，但总比跟他人对话、超越他人多点乐趣。

要有自己的阵地

在学界开辟站稳了一块属于自己的阵地，才算谋定了学者的生存。学者的生存，不是仅仅在学术界端稳饭碗，那是谋生意义的生存，不是学者生成自己本质的生存。存在主义哲学有个说法，存在先于本质，意思是每个人先在生物意义上活着，后在不断选择和创造自己个性的过程中形成自己作为人的本质。阵地是学术界稀缺的资源，人人明白这个道理，人人有阵地意识，阵地的争夺既公平又激烈。所以，除非是超天才，千万不要在学术界打游击，否则大概率一事无成。

必须清楚说明：占领阵地不是犯规抢跑，也不是简单的公平争先，是公平地抢先。学术界是公平竞争的世界，先到者有优势，但先到不意味着站稳脚跟，更不意味着独占。

博士生选题的理想主义与现实主义

先说理想主义。选择学术生涯，就是选择有望登顶的事业。无望登顶，学术生涯就是单纯的谋生手段，固然有价值，但不值得为之奋斗，更不值得为之忘我奋斗。选择博士论文课题，要选择有望登顶的题目。登顶，就是做到世界第一。课题可大、可中、可小，但自己关于这个课题的研究水平要有望在某一瞬间达到世界第一。博士生在选择课题时，要反复自问：在知识准备、方法训练、资料获取方面有没有足够的比较优势，让自己有希望在这个问题的研究上朝一日成为世界第一。

我不鼓励年轻人攻读政治哲学或政治理论，出于一个偏见：除非具有双母语水平，即除了汉语还有一门西方语言达到母语水平，否则在这个领域无望登顶。道理，设想一下让欧美学者研究红学，就完全明白了。前辈学者中，有研究政治理论的，最接近顶尖水平的是萧公权先生。但是，他在学术史上的地位靠的不是 *Political Pluralism：A Study in Contemporary Political Theory*（《政治多元论：一项关于当代政治理论的研究》），而是《中国政治思想史》。

再说现实主义。科学殿堂与巴塞罗那的圣家堂（Sagrada Familia）有几分相似。每个学者穷毕生精力，目标是为科学圣殿贡献一块精心设计与加工的建筑材料。科学的前沿像一座石料山，也像布满大小石头的海滩。每个学者都努力寻找自己勉强搬得动，勉强想得通，勉强会加工的石料。天才挑大石头，中人之材挑中小石头。天才挑大石头，是冒险：（1）石头的重量超过天才的极限太多；（2）超越了时代，必需的学科基础建设尚未完成，必需的分析工具尚未出现；（3）可能被其他天才抢先。中人之材挑中小石头，也是冒险：（1）石头的重量超过能力的极限太多；（2）限于眼界与能力，尚未掌握必需的分析工具；（3）可能被其他学者抢先。

冒险的共性是辛苦和不安。辛苦不是问题，不安是个问题。不安的根源是：冒险意味着可能失败。不在乎世俗生活的天才，如数学家张益唐先生，专注冒险的过程，不在乎最终结果。只搬巨石，过程就是一切。成功是锦上添花，不是雪中送炭。"担当生前事，何计身后评。"不过，对绝大多数人来说，张先生不食人间烟火，只能景仰，不可效仿。不放弃世俗生活的天才，如数学家怀尔斯（Andrew Wiles）教授，既专注冒险的过程，又精心筹划学术生涯。先搬中小石头，谋定学人公认最好的生存条件，安排好退路，再搬巨石。我投怀尔斯教授一票。

写研究课题书的注意事项

写课题书（Research Proposal），不可不读 *On the Art of Writing Proposals* by Adam Pzreworski and Frank Salomon。本文算注经。

课题书是可信的应许，承诺的对象是政府或私立的研究基金，是特殊的投资者。课题的价值归根结底不仅取决于是否合乎投资者已经清晰意识到的需求与偏好，更取决于是否能暗合投资者并未清楚意识到的需求与偏好。

研究经费稀缺，僧多粥少是常态。群僧之间竞争，靠两种力。第一种力是已经证明的实力，也就是发表记录。关于这种力，适用的说法是：万事开头难，雪球效应，马太效应。为了提高竞争的公平度，一些研究基金设立"青年组"，有远见，但也给刚入职的年轻学者设置了一道新障碍。在青年组胜出，可以保续约；要转正，还要证明在成年组也能胜出。

第二种竞争力是课题书展现的发表潜力。发表潜力有几个指标：研究假设越具体越好，分析方法与技术越精准越好，预期研究结论越呼之欲出越好。已经收集了数据，课题书可以展示已经做了七八成的分析结果。尚未收集数据，课题书展示可行的调研计划。写课题书费时费力，好在磨刀不误砍柴工，包括文献综述在内的要件可以用在论文中。

写课题书还有点艺术成分。明明是请投资者雪中送炭，但要写得仿佛是给投资者锦上添花。

第八讲

关于研究方法的用户视角

关于研究方法，有三个视角。一是天才视角，认为方法论专家提出的方法没有用，主张不学方法，甚至认为学方法就是服膺学术霸权。持天才视角的有两类学者。天才学者自创方法，牛顿发明微积分，爱因斯坦发明思想实验；以天才自居的学者不屑于讲方法，主张"野性思维"。二是专家视角，把方法作为研究对象，探索完美的方法。专家视角假定研究者有无限智力、无穷资源、无边自由，所以方法论专家设立常人达不到的高标准，想得到，说得到，做不到。方法论教科书基本上是专家派。三是用户视角，有以下三个要素。

摸索适合自己的方法

方法是技术，是手艺。每个学者都有自己独特的手艺，因为独特，所以"虽在父兄，不能以移子弟"（曹丕）。研究，正如做其他任何事情，要讲究方法，但方法归根结底属于个人。每个人有自己独特的方法，没有普遍适用的方法。为了找到适合自己的方法，要自觉地在实践中把自己一分为二，一个下功夫做研究，另一个观察琢磨怎样做研究，比较自己的做法与他人的做法，评估不同做法的效果。

方法论是对方法的哲学思考、科学研究和技术革新，是专门的学问，正如数学、统计、逻辑、哲学。学方法用方法是一回事，研究方法论是另一回事。方法论家得出的研究成果，诸如定性方法、定量方法、混合方法，是学者可以使用的工具和技术。技术可以教，可以学，方法论课讲的其实只是技术。作为思维方式的方法，课堂可以谈，但不是教；学生可以学，但实际上是自己悟。不少书不少人谈"学习方法""读书方法""研究方法""作文方法"，基本上不脱八个字：言之有理，全无用处。

方法论课堂给学生提供的往往是一车兵器。定性方法若干，定量方法若干，学生觉得没办法入手，因为根本不可能完全掌握这些方法。方法是智力体操，相当于武术套路，练练有好处，但不能指望实用。用方法靠感觉。打篮球要有手感，做研究也需要手感，这种手感不可能短期快速练成。宋代禅师宗杲说：弄一车兵器，不是杀人手段，我有寸铁，便可杀人。寸铁就是研究感觉，是实战能力。培养感觉，锻炼能力，唯一的方法是实战，耐心坚持做研究。

学以致用

用户视角是"敢"字当头。对各种方法，首先大体知道它们的功能。比如，知道有个方法叫作多层线性回归，可以分析小环境对人的影响，比如分析所在班级、学校对学生学业的影响。知道这就够了，如果能学会基本操作更好，但没有必要精通。研究到这类问题，有了合适的数据，用的时候再去学。

要使用工具，但是要明白工具不能代替思考。就像钱锺书先生说的，显微镜、望远镜有用，但是显微镜、望远镜并不能让瞎子看见东西。做研究，一定是以自己选择的题目为本，也就是说以自己为本，用方法，在用的过程中真正学会方法。这个顺序不能颠倒，如果认为必须要学会方法才能做研究，就把顺序颠倒了。

用方法像开车，不要指望自己会修车、造车、设计车，那是专家的事。把方法当工具，相信方法论专家，放心使用他们的产品，不强求弄清这些产品的原理和工艺。方法论专家研究方法论，统计学家研究统计学，软件专家写统计软件，都是毕生的事业。如果觉得使用统计方法就必须达到专家的水平，是不自量力，也是贬低专家。专家一辈子研究它才能真懂，你认为用十分之一的时间和精力顺便学一学就能达到专家的水平，相当于说专家的智力只有你的十分之一。区分专家的懂和用户的懂，才会正确看待专家，正确看待自己。

"工欲善其事，必先利其器"，言之成理，却缺乏操作性，因为器"利"还是"不利"，必须具体问题具体分析。研究方法训练够不够，要具体问题具体分析。工具本身固然有精粗之分，但工具是否好用，归根结底还是看它是否"趁手"。工具就是工具，除非是以改进工具为专业，否则不必追求完美掌握；庖丁解牛，游刃有余，只是个励志的传说。小提琴家帕尔曼说：掌握全部小提琴技术，不是不可能，但是，除非你是帕格尼尼那样的天才，否则需要90年；5岁开始学琴，学完全部技术已经95岁了，哪还有时间学音乐？所以，即使只是应用，也得信奉贾宝玉的哲学：任凭弱水三千，我只取一瓢饮。上方法论课，学到不再惧怕方法，就达到目标了。不怕就是学会了，敢用就是学通了，用对就是学精了。除非是天才，精通一种方法需要很长时间，各种方法都学，根本没有时间精力做研究。但是，新方法层出不穷，学不胜学。普通学者不以方法论研究为职业，会一两招看家本领就够了。

如果不是天才，现实的目标是当合格的用户。合格，就是知道为什么要如此这般地分析，不奢望发现问题，也不指望改进工具。例如，统计学家和计算机软件专家把统计分析变得不艰深，他们的聪明才智使用户可以满足于在理论思维上知其然并知其所以然，却不需要在数理上知其然，当然更谈不上知其所以然。用户视角固然是实用主义视角，也是个谦卑的视角。相信分工，相信专家，谦卑自己，是树立研究方法用户视角的前提。即使是天才，也不能认为自己样样学问都能精通。如果有余力也有时间，不妨追求当专家用户。以机器学习为例，专家早就写了几乎取之不尽用之不竭的算法，在多数同行不使用机器学习技术的研究领域，懂得机器学习的基本原理，把现成的算法用于自己的研究，摸清机器学习超越其他方法的附加值，就是领先半步。这半步优势似小实大，除非遇到天才对手，只要持续走下去，半步优势可以维持很久。

与时俱进

谋生存时，在使用研究方法上要有抢先意识，闻风而动，产出又多又快，先不必计较是否好，更不必在乎是否省。比如，时尚的"机器学习"（machine learning）大有用处，"深度学习"（deep learning）大有希望，值得投入时间和精力。算法模拟人类的思维，如同机器模拟人类的体能，是模仿，也是革命。挖掘机模仿人手的挖掘动作，但功力远超人手。算法模拟人类的运筹与计算，在特定领域，算法的功力已经是人类望尘莫及。最有力的证据是围棋。统计分析是算法，是光学望远镜，倍数越大，看得越远，但只能看见可见光。机器学习（人工智能）也是算法，然而是射电望远镜，不仅看得远，还能"看见"不可见的种种射线。万一成为专家，就有了可以在工作市场出售的一技之长；只要成为合格用户，研究就多一个方法支柱，文章也多一个刊物主编可能青睐的卖点。

谋定生存后，使用研究方法上则不妨稳健进取。对自己认定重要而且无法不关心的课题，八风不动，甘于落寞拾遗。谁知道呢？也许最后拾到的那颗石子才是上佳和田玉。但是，课题专一，不妨碍方法机会主义，合二为一，才是优势。

做到课题专一与方法机会主义，难在真心承认自己的才能精力时间都有限。有限，所以选题必须专一；有限，所以方法只能机会主义。无论是依然自觉年轻，还是倏忽已列资深，都不要相信"吾道一以贯之"的神话。除非你认定自己是近乎神的天才，否则应该记住种种神话只属于神。

当合格的用户

学术界有分工。方法论家创造改进方法。不以方法论为专业，就努力当合格的用户。合格，就是不仅懂方法的字面意义，还懂得实践意义。不仅操作正确，还能解释分析结果。学会当用户，唯一途径是真用。

探索其他学者慷慨分享的数据库，最重要的一步是找可以写文章的因变项。开动脑筋，把问卷当成文本分析的素材，看能否在字缝中看到字，能否在似乎不经意的"语境提示"（caveat）中找到发挥想象力的空间。不仅设身处地想象问卷设计者为什么这么问，也想想应答者听到这个语境提示和问题后会怎样想。话语分析，就是反复琢磨语词语句文本的含义，浅层的是文字含义，深层的是狭义语境中的丰富含义，更深层的是广义语境中的系统含义。分析问卷调查数据，在最浅的层次解释问卷中的问题，是与同样拥有数据的同行进行军备竞赛，谁掌握高精尖的分析技术，谁能用到最新的分析软件，谁就具有比较优势。但是，每个变项都是概念，每个概念都是基于定性研究定义的。定义表现为语词，语词有多层含义。把变项的名称与标签纳入狭义与广义的语境，深入分析它们的含义，是话语分析。话语分析能构成另一种比较优势。根据精解的调查数据，可以提出精致的研究假设，进而发现精致的且往往隐含的相关，产生新的见解和洞见。做数据分析有个惯性想法，就是认为一个问题一个变项，或者认为几个指标背后是一个隐含变项。两三个似乎彼此不相干的问题也能构成一个有意义的因变项。

"文献研究法"

"文献"有两个意思，一指文本资料（archives），二指专业文献（literature）。"文献研究法"说的文献可能指文本资料，古的如《史记》《资治通鉴》，新的如报纸和年鉴。

史学家研究史料，甄别真伪，纠正误解，提炼史观，是创新。文献研究是一种方法。研究史料学、考据、训诂，看哪些古书是真的，哪些是后人伪托的，离不开分析文献。分析文献需要洞察力，洞察力来自独到的见解，贯穿研究过程。

车铭洲老师在北大哲学系读书时，修冯友兰先生的中国哲学史课。冯先生明知"小车"的研究兴趣是康德哲学，但指定他当课代表。一次，几个同学引经据典质疑冯先生。冯先生不动声色，带全班学生去图书馆看古籍，告诉学生，哪些是真书，哪些是伪书，如何判断古籍的真伪。50多年后，车老师告诉我：那几位同学引用的是伪书。

研究教义，看佛教怎么回事，基督教怎么回事，伊斯兰教怎么回事，离不开分析文献。但是，要想有创见，离不开宗教体验，离不开对生死问题的想象与思考。皓首穷经是经院哲学的末流。做文学评论，研究红学，像六神磊磊那样读金庸，也要反复读文献。但是，要提出有趣的新解，要凭丰富的阅历，也须有深邃的心机和生动的创意。对社会科学来说，"文献研究法"是想当然。有人用这个方法做研究，也能发表文章，但不大可能实现学术创新。社会科学家研究新闻报道，分析年鉴里的统计资料，提出解释，才是创新。

如果"文献研究法"说的"文献"指的是专业文献，需要澄清"研究"的含义。在社会科学领域，文献不是研究对象，也不是研究素材，"研究"文献有三个目的。第一，文献是"巨人的肩膀"。追求学术创新，最好站在巨人肩膀上。"研究"文献，为的是攀上巨人肩膀。不要把两件事混为一谈。一是"攀上巨人肩膀"，二是"变成巨人"。前者是挑战，后者对绝大多数人来说是不可能完成的使命。

第二，文献是他山之石。学术创新归根结蒂靠自己体验，自己想象，自己领悟。但是，自己琢磨如挖坑，开始站在地面上挖，然后站在坑底挖。坑越挖越深，自己也越陷越深。久而久之，坑变成了井，井口越来越小，回声越来越悦耳。"研究"文献有助于跳出自己挖的井，打穿井壁，与临近的"井友"汇合，彼此砥砺。两块石头撞击，才可能产生火花。

第三，文献是资格考试，"研究"文献为的是申请学术俱乐部的会员证。

鲁班用斧

研究能做到什么水平，创造力无疑是最重要的决定因素。但是，学术界的知识积累程度，研究方法、研究技术与研究工具的发展水平，同等重要。以创造力衡量，牛顿与爱因斯坦不分伯仲，但各自面对的物理学发展阶段不同；哥白尼与伽利略不相上下，但各自拥有的观测工具不同，前者靠眼睛，后者有望远镜。

说这个常识，是因为有些年轻学者有时忽略它。比如，做量化研究，离不开统计专家发明的程序。程序包具有的分析力，相当于望远镜的观测力。学者用程序包，要发挥创造力，也要接受程序包的限制。有的研究设想用现成的程序包不能操作，上策自然是自己写程序。但是，如果没有这种能力，就不妨选中策，即接受学术界同行通用的不完美做法，静等方法论专家突破他们的极限。统计软件公司不断更新软件，每次更新都要求用户付费，固然有营利考虑，但也是因为方法论专家需要时间一点一点地啃硬骨头。

研究与发表是遗憾的艺术。艺术要精益求精，这是一方面。另一方面同等重要，就是接受遗憾，不求完美，不必各方面都追求一枝独秀。写篇论文，好比造一座塔，有一点独创的贡献，超过其他的塔，其余部分达到同行的最高水平，冒一个尖，就足够了。

站在"学习者"的角度看，研究方法学不完，分析技术学不完。"吾生也有涯，而知也无涯，以有涯随无涯，殆已"（《庄子·养生主》）。站在"创新者"的角度看，称手的工具只有那么几件，学会不难，难在用熟用精。海德格尔有个巧妙的比喻。刚开始学做木匠，斧锤刨锯凿，各种工具都是一道关。修炼成大师，做工时锤子斧子得心应手，不觉得手中有工具。手动，心不觉。工具不妨碍创意，刺激创意。

破除方法迷信

鲁迅先生说："首先应该扫荡的，倒是拉大旗作为虎皮，包着自己，去吓唬别人。"启功先生说："我的总题目叫作'破除迷信'；写字首先要破除迷信"（《启功给你讲书法》）。鲁迅先生和启功先生都卓有创新精神，卓有艺术成就，他们都指出要破除理论迷信，破除旗号迷信。

学术也是术，精髓也是创新。要把学问做好，也要破除迷信。破除理论迷信，破除范式迷信，破除方法迷信。三种迷信都有实例，但不适合毫无保留地公开说。适合毫无保留地公开说的是：做学问是一回事，做文章是另一回事。做学问有术。术有真伪。伪术很多，共同特点有三个。一是声称能教人创新，二是暴击痛点，三是轻搔痒点。学术领域坑人最深的伪术，莫过于宣称有所谓文献研究法，提供种种做文献综述的套路。

书法领域害人的伪术更多，用笔说居首。启功先生："你看许多讲书法理论的书，没有不是把用笔两字说得那么神秘，那么了不起，那么难办的。想学字的朋友首先要破除的迷信就是所谓用笔论。""你不会用笔啦，等等，先拿'用笔'的大帽子一砍，这人就闷了。底下就全不会，我不会执笔，我不会用笔。我们就甭写了，就放弃了，就完了。要知道执笔拿笔的办法并不难。"

做文章有道。道比术高远，高远的极致是玄妙。正因为如此，除非自己是大天才，在成长阶段，不宜以高远玄妙的道作为学术实践的指南，否则就可能南辕北辙。启功先生说得好："古代讲书法的文章，不是没有有用的议论，但是你看越写得华丽的文章，越写得多的成篇大套的，你越要留神。他是为了表示我的文章好，不是为了让你怎么写。"

在社会科学领域，有些方法论书被封了神。要小心，刚开始做学问，就以这样的书为圭臬，是好高骛远，甚至是自戴枷锁。还是听启功先生的："学书法，看参考书，从我的经验来说，多半文不对题。我们看参考书，他告诉你拿笔该怎样，甚至给你画出图来。我的手跟他画的图不一回事。按他画的图那样拿笔能拿住了，但是我动弹不了，我在纸上写，手就不听话了。"

做文章、写课题书时拉这样的大旗书作虎皮，倒不失为方便之门。启功先生说："那么我什么时候看那参考书呢？当你要写书的时候，你再看参考书。那不就晚了吗？我说不晚。为什么？你写书，你不能凭空就这么写呀，总得抄点呀，你好拿古书东摘一句，西抄两句。现在很多的书，你给他找一找，都有来源。从前说'无一字无来历'，这是讲韩文杜诗无一字无来历。现在有许多讲书法的书，我细看，这句话怎么很眼熟呀，大概总是古代某些名家的议论，就更不用说抄现代人的了。"

在学术界，敢做，是"小"无畏；敢于不做，是"大"无畏。做学问要有大无畏精神。大无畏是鲁迅先生的拿来主义，放出自己的眼光，敢于为我所用，敢于藐视金科玉律，敢于不理会什么理论范式方法论。启功先生说："人哪，苦于不自信，特别对于写字，我遇到些人，多半不自信。为什么不自信？就因为他觉得神秘。为什么他觉得神秘？是被某些个特别讲得神秘的人，打开始就把他唬下去了，给他一个吹得绝对神秘的印象，说这可了不得，你可不能随便写，必须问人怎么怎么样，说了许多神秘的话，使你根本就不敢下笔，也不敢自信。你到这时你偏不自信，为什么？就因为许多讲书法的，特别是著名的人，特别是他讲要用什么方法来学来写，把你唬住了。"

方法有用。敢用，是小无畏；敢不敬拜，是大无畏。学围棋，围棋十诀、布局分析、定式、死活题、官子谱、高手棋谱，都有用，关键是怎样把这些有用转化成自己的棋力。各种方法，敢用，真用，才可能善用。破除方法迷信，不拘一格。善用各种方法，奉行彻底的机会主义。

《启功给你讲书法》胜过百部方法论专著。

第九讲
定性方法归根结底是推己及人

《红楼梦》中有副对联："世事洞明皆学问，人情练达即文章。"世事洞明，就是推己及人，就是定性研究。定性就是确定一个事物的性质。定性研究，第一回答一个现象是什么，第二猜测为什么。具体点说，定性研究的目标是发现和描述个别问题、使用概念界定个别问题、提出有关因果机制的假设。

定性研究方法很多，各种方法的专著也很多，不妨借来翻翻，一是了解大概，二是当智力游戏，不要太当真。研究社会，研究政治，是研究从事各种社会活动、政治活动的人。要理解他们做什么、想什么、说什么，最好是设想一下，如果我们处在他们的地位，我们会怎么做、怎么想、怎么说。先明白自己，然后根据自己去推断别人。

本讲分四部分，介绍本人关于定性研究的体会。

回到事实本身

回到事实本身，是德国哲学家胡塞尔开创的现象学的口号，大致相当于反对主观主义，反对教条主义，主张实事求是。实事求是，是从事实出发。但是，学者在开始自己的学术研究之前是学生，而学习过程通常是不断远离事实的过程。文献看得越多，脑子里装的概念和理论框架越多，离事实越远。所以，要实事求是，从事实出发，需要回到事实本身。

要回到事实本身，就要"搁置"头脑中装的概念和理论。搁置，也叫打方括号，意思是暂缓使用。每"搁置"关于某个现象的一个抽象层级较高的概念，就会遇到一个抽象层级较低的概念，不断地搁置下去，离"事实本身"就越来越近。比如，我们想研究一块手表怎样计时，发现文献中描述手表的概念是"物质"，就需要搁置"物质"这个概念，继而相继搁置"物体""计时器""手表"，到达"这块手表"，再到它的关键部件，就回到了事实本身。搁置抽象概念，一开始很愉快，因为搁置的是学术术语。搁置两三个层次，就会发现搁置概念越来越难，因为搁置的是日常语言。搁置了日常语言，就会感到词穷，事实变得难以描述，接近不可言说，这标志着接近了"事实本身"。

借用杨绛先生的一段文字，解释"搁置"的意思。杨先生的《走到人生边上》是本人生哲学书。普遍的哲理是从具体的实例抽象出来的，理解哲理，最佳途径是了解体会那些激发哲理的具体实例。这本书有十四篇长短不一的散文，杨先生称为"注释"。这些注释，就是激发哲理的具体实例。看懂注释，不仅有助于看懂哲理，还有助于领悟作者没有明说的哲理。

第三篇注释是《劳神父》，不长，但像杨先生的其他写人物的散文一样，读了就能在记忆中留下永久的烙印，每次重读，都能发现富有启发的细节。相关的细节如下："大姐姐撕开一层纸，里面又裹着一层纸；撕开这层，里面又是一层。一层一层又一层，纸是各式各样的，有牛皮纸、报纸、写过字又不要的废稿纸，厚的、薄的、硬的、软的……每一层都用糨糊粘得非常牢固。大姐姐和许老师一层一层地剥，都剥得笑起来了。她们终于从十七八层的废纸里，剥出一只精致美丽的盒子，一盒巧克力糖！"

做社会科学研究，需要回到事实本身，很像杨先生生动描绘的一层又一层地剥用糨糊粘得非常牢固的废纸。很像，但并不相同。其一，必须剥掉的往往不是废纸，而是金光闪闪的"经典理论"和"权威文献"。其二，结果不同，最后剥出来的可能不是装在精致美丽盒子的巧克力糖。

走向事实本身不是研究的终点，而是起点。只要有点耐心，肯动脑子，学者都能到达或接近这个起点，关键是从这个起点走向哪里，求什么是，怎样求是。有些主张社会科学本土化的学者比较擅长"走向事实本身"，值得敬佩。但他们的"求是"路径，有时似乎显得有点过于自信。回到一个事实本身，想出一个"本土"术语，写英语摘要时用拼音标示这个术语，表示不可翻译，似乎就完成了求是过程，完成了新概念的创造与论证。遇到这样的论文，最好奉行三不主义：一不细读，因为越看越觉得自己笨；二不审稿，因为不能妄评自己不懂的文章；三不轻视，因为天才的文章总是不好懂。

走向事实本身，只是"搁置"现有的概念和理论，不是轻视和抛弃它们。从社会科学视角研究本国现象，本土化是回到本国特有的事实，这是开展研究的必要条件。但是，本土化不是否定社会科学。求是的过程，是检视被搁置的概念和理论，看哪些有助于理解事实或现象，哪些无助于理解，哪些妨碍理解，需要修正哪些概念，是否需要提出新概念。最难的一点，是看怎样使用社会科学中久经考验自己也推不翻的概念或概念要素，提出一个有助于描述解释事实的新概念，这相当于用化学元素表中的元素，写出新发现的化合物的化学式。屠呦呦教授发现了青蒿素，拯救了数百万人的生命。青蒿素的化学式是 $C_{15}H_{22}O_5$。假如屠教授抛开化学元素表，那就不是把药物化学本土化，而是抛弃了药物化学。

理解是视野的融合

实事求是的目的是理解。德国哲学家伽达默尔说，理解就是视野的融合。视野、视域、视角，是一回事。睁开眼睛，入眼的一切就是自己的视界；向左缓缓转头，视界就随之向左转动；向右缓缓转头，视界就随之向右转动。融合就是交汇、重合。与朋友郊游，从自己站的位置和角度看，远处的山峰像雄狮的头。与你同游的朋友看着不像，你把你的位置让给朋友，指点他从某个角度看，他觉得远处的山峰确实像雄狮的头。关于这个山头，你和朋友就实现了视界的融合。融合总是相对的，不可能完全。融合不是合一，不是同一，是有差别的一致；融合不是一成不变的，是开放的、发展的。你戴了墨镜，感到天色有点暗，这是你的视界；我没戴墨镜，觉得天光大亮，这是我的视界。你把墨镜摘下，给我戴上，我们就在一定程度上实现了视界融合。当然，这是最浅层次的视界融合。

视野有很多层次，视野的融合相应有很多层次，理解有很多层次。读一篇文章，掌握了主要论点是理解，知其然；理清了论证的理论背景、事实基础分析方法，是更深的理解，知其所以然。理解层次越深，与作者思路的重合度越深。同理，读一本书，掌握了主要论点是理解，能自己把各章主要论点穿成论证主线，是更深层的理解。不过，不管是哪个层级的理解，归根结底都是两个人之间成功实现了一定程度的沟通。比如，读懂一本书，是读者与作者之间实现了一定程度的沟通。实现沟通，需要两个条件。一是作者提出了有价值的问题，也提供了有价值的回答。二是读者遇到了相同的问题，正在寻找有价值的答案。作者在书中记录了自己的寻觅过程和结果，读者在阅读过程中与作者实现了视界的融合，就读懂了作者的书。社会科学研究人。人极其复杂，理解人最难，各门社会科学的目标，是理解人类社会生活的一个侧面。读懂一个人，如同读懂一本书，只是更复杂；读懂一个群体，如同读一套书。

定性研究是三重的视界融合。研究过程是与研究对象实现视界融合。视界融合是推己及人与由人及我的交替过程。学者把自己一分为二，一分为多，反反复复在推己及人与由人及我之间变换角色，认认真真地与自己的分身对话，不断地设身处地，不断变换同情心和同理心。灵光一闪，就是实现了一定程度的视界融合。

学术创新的文献综述过程是与同行学者实现视界融合。坐到司机的位置，才可能发现司机的盲点。发现盲点的过程是对话过程。发现了同行学者的盲点，就找到了学术创新的机会。有了成见，再看文献，是捷径，也是正道。发现同行的盲点，理解盲点，指出盲点，指出克服盲点的办法，提出一个替换的视界，是把对话推向深入，不是宣称发现绝对真理，当然更不是宣布战胜同行学者乃至征服整个学界。

发表过程也是视界融合过程，是作者与执掌匿名审稿权杖的同行学者以及手握否决权的刊物主编实现视界融合。这个过程变数多，偶然性大，不由自主。写作过程是学者主导的对话，审稿、修改再投是审稿人与主编主导的对话。在论文发表的场域，鸡同鸭讲是常态。

视野融合之道是对话

实现视野融合的路径是对话。对话是平等的双向关系，不是居高临下的独白，不是俯首帖耳地听命于人，更不是微服私访调查民情。真正的对话者，要说，但更重要的是听。不仅愿意听，还要学习听的艺术。听的艺术，要诀是深信别人可能是对的。别人可能是对的，不意味着自己肯定是错的，但意味着自己可能是错的，至少意味着自己可能并非全对。

定性研究要实现三个层次的视野融合，相应有三个层次的对话。首先，与自己希望理解的人谈话，术语叫访谈，其实是对话。对话过程是"推己及人"的过程。对话难，理解难，交流沟通难，难在"己"必然狭隘，"自知"必然不足，"知己"必然艰难。自知表现为偏见和成见。伽达默尔说,成见不可避免。生命的起点是百万年演化格式化的大脑,不是白板;生命的形成过程发生在母腹的复杂世界中,不是在真空里。从生命开始到自我意识形成,是与周围人的沟通过程,也是个建构自己世界的过程。每个人的认识过程,都以形成自己的见解为起点。见解属于自己,每个自我都独一无二,每个人的见解必然有偏颇。理解的起点有两方面,一方面是承认自己的见解是偏见,承认自封的见解只是一得之见;另一方面是承认他人的偏见也是见解,承认他人自信的见解也是一得之见。寻求理解,是循环往复的两个过程。一个过程是自省,每个人都必须警惕自己的偏见与成见,时时提醒自己,常常自我省视;另一个过程是倾听,平等待人,诚恳倾听。视界融合的过程是对话。对话是沟通、交流,对话首先是听,其次才是说。多数时候,人与人之间只是仿佛在对话,其实是自说自话。

其次,实现了与研究对象的视野融合只是起点,求到了了,还需要论证自己实现的视野融合是新的。这里的对话对象是学术界同行。与学术同行对话,难度远远大于与研究对象对话。从事人文社会科学研究的同行,面临同样的挑战。每个学者都寻求扎根立本,每个人都只能依靠对话与研究对象实现视野融合,没有更可靠的路径。每个人都靠用心体会正在发生的现实事件,由现在回溯以往,设身处地,推己及人。"及人"本来就很难，因为"人人皆孤岛"。每个学者更是孤岛中的孤岛，同时又容易把自己的孤岛封为天下。与其他学者对话，格外困难。

最后，与同行学者对话本来就难，发表过程是竞争过程，对话变得难上加难。定性研究论文难以发表，与定性研究的这个特点有关。

定性研究的两类错误

定性研究是推己及人，道理不深奥，但很难做好。我们日常生活中时时刻刻都在推己及人。不过，时时刻刻都推己及人，并不意味着能自然而然地学会准确推己及人。推己及人，经常犯两类错误，一是以小人之心度君子之腹，二是以君子之心度小人之腹。所以，要时刻保持警惕。推己，假定自己正常，这个假定不一定成立；及人，假定他人与自己一样正常，这个假定也不一定成立。推己及人，一是尽量认清自己，尽量地扩充自己的人生经验，二是注意我们是我们，别人是别人。认识自己看起来容易，实际上很难。我们每个人的生活经历都是单向的。在某一时刻，我们有选择，一旦做了选择，就没法回头，就没有选择了。

世事洞明皆学问

对世事，理解就是明白，即"世事洞明皆学问"。但是，明白并不总让人愉快，所以郑板桥感慨"难得糊涂"。

"人情练达即文章。"愿意明白，也有足够的理解力，还有足够的时间精力投入求明白，才有可能明白。追求理解未必有用，但有意义。不过，追求理解是否有意义，还是取决于是否追求有意义的生活。

第十讲
学量化研究方法的基本路数

　　量化方法是有技术支持的证伪思维方式。证实主义追求确定性，绝对真理；证伪主义则告诉我们没有绝对真理，科学研究永远达不到绝对的确定性。也可以说，统计分析是有概率论和统计软件保驾护航的辩证思维。在定量方法或统计分析里，正，是研究假设；反，是零假设；合，是借助有信心地拒斥零假设声明有信心坚持研究假设。学习量化方法，数学可以不那么强，但脑筋要灵活。学量化技术，也能锻炼脑筋的灵活度，近乎智力体操训练。

　　统计分析是精巧有趣"高大上"的概率思维方式，想当专家，必须投入毕生精力。但是，如果只是当用户，数学好自然理想，数学有限也可以学会。专家讲统计分析，文科生往往听不懂，只因专家数学头脑特别好。打个比方，他腿很长，翻山越岭从一个山头直接跨到另一个山头。数学不好，长着正常人的腿，翻山越岭得过沟沟坎坎，攀上爬下。腿长千米的人没有攀上爬下的经历，很难体谅腿短的人的苦衷。

万事开头难，知识准备不足，找不到合适的教材，遇不到会教的老师，都是原因。学量化研究方法，开头难还有个主观因素，就是放不下身段，不愿承认自己是初学，奢望一步登天。教材，喜欢最艰深的，兹不举例；软件，喜欢最难学的，比如 R。我的体会是，有效方法就是拿一个统计软件，找个自己喜欢的数据库来玩。不妨采用最容易入门的统计软件 SPSS，以 SPSS 自带的"雇员数据"（Employee Data）为练习数据。

设计研究场景

设计个研究场景。假设自己是美国的民权律师兼社会学家，听 A 公司的员工抱怨公司有种族歧视，因而计划提出一个"集体诉讼"（class action lawsuit），也计划写论文。为打赢官司，发表论文，必须准备证据。

获取证据的步骤包括：（1）设定种族歧视为因变量；（2）设计测量种族歧视的指标；（3）设定解释变量，即种族差别，设计测量种族差别的指标；（4）设计可能影响年薪与工作岗位但不明显涉及种族歧视的干扰变量或控制变量，比如教育程度；（5）在公司做员工概率抽样；（6）设计问卷；（7）操作问卷；（8）录入数据、清洗数据。调查结果就是雇员数据。

学方法，致用是活力之源。选定这个场景，数据就活了。活用数据，打通三关。

正态分布是一种世界观

第一关，正态分布。逐渐习惯概率思维模式：看频次分析的结果，把频次分析的百分比转换为概率，把累积百分比转换成累计概率。用直方图展示年薪的分布，先习惯从左往右动态读图，后习惯从中间（平均值）开始左右开弓动态读图。培养相对思维模式：样本相对总体；样本统计值相对总体参数；平均值相对标准差；一类错误（弃真）相对于二类错误（纳伪）。相对的意思是，概念成双，相互界定意义。这一关很难真正打通。但是，打不通可以变通，耐心绕路，就能接近终点，虽不中，不远矣。没耐心绕路，不妨跳过这道关，死记硬背几个关键 t 值的意思，比如：$t = 1.96$，意思是观察到某个样本统计值的概率是 5%。

显著度检验是证伪思维方式

第二关，显著度检验。首先明确一点，"显著"（significant）不等于重要（important），指"值得关注"。比较白人员工与少数族裔员工的平均年薪，分三步透彻理解显著度检验的逻辑。（1）零假设：没有种族歧视。根据零假设做的预测：在总体中，两组员工的平均年薪相同，差距为零。（2）观察结果：在样本中，白人员工的平均年薪比黑人员工的平均年薪高 7300 美元，$t = 3.915$，相应的概率是 $p < 0.001$（准确数：$p = 0.000103$），很小。（3）如果零假设为真，则抽取一个概率样本，并在该样本中观察到年薪均值差异为 7300 美元的概率极小，但这个被预测发生概率极小的事发生了，这说明预测不准。预测的根据是零假设。零假设或真或假，不能确知，但必须决定是否放弃，也就必须冒犯错的风险。在这里，选择放弃零假设，犯一类错误（弃真）的概率小于千分之一；选择接受零假设，犯二类错误（纳伪）的风险很大。

理解显著度检验的逻辑，可以把无罪推定原则下的法庭审判作为场景，零假设是无罪推定原则，自己轮流扮演四个角色：（1）提出诉讼的民权律师；（2）陪审团成员；（3）为公司辩护的律师；（4）法官。显著度检验是概率思维的精髓，概率思维的特点是随机性，日常思维的特点是确定性。学统计方法的难点是掌握概率思维方式。明白了显著度检验的逻辑，能从任何环节入手讲清这个逻辑，就掌握了量化方法的纲。

回归分析是追根溯源

第三关，做回归分析，理解因变量，解释变量，控制变量。

学最小二乘回归，可以做篇论文。

题目：A 公司是否存在种族歧视？

因变量：年薪（salary）。

解释变量：族裔地位（minority status）。

控制变量：教育程度（educ）和工作岗位（jobcat）。

研究过程中发现，工作岗位貌似有三个层级的定序变量，其实只有两个层级。构建一个新变量：是否经理（manager），0 = 普通员工；1 = 经理。可以用构建的二分变量学习对数回归（logistic regression）。

因变量：是否经理。

解释变量：族裔地位（minority status）。

控制变量：教育程度（educ）。

打通这三关，就入门了。

从自己的错误中学习

不想当量化方法专家，只争取当合格的用户，数学基础不雄厚就不是问题，可以靠发挥想象力、逻辑推理能力补救。但是，不用高等数学可以学会量化方法，并不意味着量化方法容易学。按逻辑顺序一一了解基本要素，一一攻克量化思维的难点，用一条主线把基本要素贯穿起来，借助具体场景，分别扮演四种角色，才能掌握概率思维方式。

学量化方法，一听就懂，一做就错，不练习很明白，一练习就糊涂，都正常，不用担心。衡量进步，有三个指标：不怕了，就是学会了；敢用了，就是学通了；用对了，就是学精了。不要怕犯错，不要怕行家批评，人人都是从自己犯的错误中学习。学术研究靠的是可练不可教的悟性。

学用结合，事半功倍

亚里士多德说，人是会用工具的动物。那是哲学家的玄想。具体到每个人，行走于天地之间，生存于人间社会，离不开海德格尔所说的"具"或"器"（Zeug）。游戏离不开玩具，生产离不开工具，学习离不开学具，烹饪离不开炊具。能用"具"，才觉得自己有能力；善用"具"，才觉得自己有价值，也就是对他人有用。无论面对什么"具"，从不敢用到敢用，从不会用到会用，从不善用到善用，是学习过程。学习过程同时是心理成长过程，从不自信到自信，从浅自信到深自信。心理成长过程也是心智成熟过程，从学习到应用，从应用到创新。

学任何"具"，诀窍都是一体两面。其一，觉得

"具"对自己有用。"用"有多种：满足好奇心，是一种；满足虚荣心，正面说是自我丰富，是一种；谋生计，是最常见的用；求功名，是最功利的用。其二，觉得善用"具"的自己对他人有用，从而觉得自己有价值。两个方面分先后，但缺一不可。

学与用融为一体，就能学得高效，用得有成就感。学外语就是如此。鲁迅先生在《集外集·序》中说："我那时初学日文，文法并未了然，就急于看书，看书并不很懂，就急于翻译。"相对于学文法，看书是用；相对于看书，翻译是用。用字当头，才可能学成。

学外语离不开主动用，学量化方法也离不开主动用。学统计分析，学用结合，事半功倍。学和用两股绳拧成一条鲜明的主线：探究一个问题，使用一组数据，培养一条思路。具体点说：探索种族歧视问题，使用雇员数据，培养证伪思维方式。不过，这条线上有一串纽结，也就是疙瘩，要得心应手地使用它，需要逐一解开这些纽结。

解开主线的所有纽结，这条线就成了一条活龙。

构建模型要"字字有来历"

做量化研究的关键是构建回归模型。建模不能天马行空，要参考作为对话对象的关键文献，看其他学者构建的模型。首先看他们采用哪些变量为因变量，其次看他们采用哪些变量为解释变量，最后看他们控制哪些变量。模型中的每个变量，背后都有个文献综述。因变量的选择与测量，背后的文献综述最大最重要。解释变量的选择与测量，背后的文献综述次大次重要。控制变量的选择与测量，背后也有个小文献综述。

做量化研究分析，有六个开心时刻。第一，发现了一个变量，应该作为因变量，但其他学者尚未用作因变量。第二，学界公认某个变量是重要的因变量，但自己发现了更有效更可靠地测量这个因变量的方法。第三，发现了一个变量，应该作为解释变量，但其他学者未用作解释变量。第四，学界公认某个变量是重要的解释变量，但自己发现了更有效更可靠地测量这个变量的方法。第五，发现了一个变量，应该作为控制变量，但其他学者未控制，因而得出不准确结果。第六，学界公认某个变量是重要的控制变量，但自己发现了更有效更可靠地测量这个变量的方法。

多数定量研究是修正主义研究，修补纠偏多于独出心裁，这是定量研究的积累优势。与此相应，构建回归模型，选择变量时不妨遵守一个原则："不见鬼子不挂弦。"这样写出的论文，中规中矩。论点都有来处，"无一字无来历"，显得有根有据。八股文章，读起来有板有眼，严谨科学。至于是否真有创新见解，研究结论是否超越了常识，反而并不总是那么重要。

分析数据要软硬兼施

"掐住数据的脖子，不招供不松手。"在一次会上，狄忠浦（Bruce Dickson）教授借用诺贝尔经济学奖得主科斯（Ronald Coase）的妙语，会心笑声一片。

数据分析技术日新月异，挖掘解析数据的方式花样翻新。工具越来越发达，越来越精密，落点越来越准，力道越来越大。大数据，机器学习，深度学习，每项技术进步都能让数据供出更多真相。技术进步不仅提供了硬力，也提供了发挥软力的机会。有点遗憾的是，耳闻目睹，方法训练精良的青年学者用硬力得心应手，用软力往往显得功力不足，勇气不够。软力是以文化积累为基础的常识，是以缜密反思为支柱的理论勇气，也是以独创见解为脊梁的新解释框架。

空说无凭，举个实例。在政府信任研究中，有的学者把"很信任"和"比较信任"合并成"信任"，得出不合乎常识的结论，原因就是软功不足。常识告诉我们，国人以抑己扬人为美德，以留有余地为语言艺术。"比较信任"有弦外之音，潜台词一想就明白。王正旭教授和游宇博士破除了这个误解，是政府信任研究的一大突破。

再举一例。设计信任的问卷，自愿套上方法论专家发明的枷锁，不敢把"半信半疑"列为可选的答案，也是缺乏尊重常识的勇气。新问卷调查普遍采用0—10的量表，是量化研究的质变。量表精细化，才能折射从不信到怀疑再到相信的完整态度光谱。

量化研究大有可为。但是，在我国研究领域，要做得既精密严谨又不脱离实际，得软硬兼施。各种硬技术，各种精密的统计检验，务必用全用好。同样重要的，要敢于尊重常识，敢于走向事实本身，敢于依据特殊事实提出新框架。否则，就可能陷入成功等于失败的学术生涯悖论：论文离学科顶刊越近，离我国的现实越远。

第十一讲
关于文献综述的几点看法

　　大哲学家的著作没有文献综述，远的如柏拉图对话，近的如维特根斯坦的《逻辑哲学论》。但是，这是例外。除了维特根斯坦这样的真天才，做学问必须做文献综述。认真做文献综述，目的是既公平又有底气地说下列三句话中的一句：（1）我发现的新现象、想到的新问题很重要；（2）我关注的现象、思考的问题并不新，但我采用了一个新视角，依据的是新材料，使用的是新分析技术；（3）我采用的视角、材料、分析技术并不新，但我有个新发现、新解释。换句话说，综述文献，目的是证明自己的研究有新意：观察到了新现象，分析出了新相关，验证了新机制，做出了新解释，提炼了新概念，创造了新理论，开启了新范式。学术研究是高度竞争的事业，是比赛。个人也好，团队也好，做研究写论文就是与研究同行比赛。综述文献，中肯列出对手的强项和成就，目的是证明自己超过了对手。

文献综述的功能

一篇论文就像一棵树。主要论点是树的主干，同行评估树是否成材，材质高低，材料大小，看主干。主根有两条。就学术价值而言，实证材料和分析是主根；就现实市场价值而言，得体的文献综述是主根。两个价值的契合度是衡量学术界健康程度的重要指标。

准确恰当的文献综述有两个功能。一个功能是证明论文是活树。审稿过程是鉴定树的死活、木材质量、材质大小。主编直接拒稿（desk rejection）相当于不认为树是活树，或者认为树太小，材质不佳。另一个功能是把活树植入树林。一棵孤零零的树，可以存活。但是，独木不成林。植入树林，固然多了竞争阳光水分养分的对手，但也多了证明自身价值的机会。发表的论文，价值在于被引用。被引用，就相当于树根扎入了学术土壤，加入了新的创造循环。不被引用，就相当于自生自灭。在这个意义上，其他学者的论文决定自己论文的价值，所以应该做好文献综述。

也可以这样说，文献综述是给自己的研究成果搭台。自己的研究心得是明珠，文献综述是为了把明珠镶嵌在最有价值的王冠上。然而，研究者往往不是王，不能想在王冠上镶什么就镶什么。王冠上的每个部分都有主人，每个主人都对是否接纳新成员有否决权。研究者培育了明珠，如果不精准把握文献，一可能明珠暗投，二可能卖出豆子价。由此可见，文献综述很重要。但是，文献综述固然重要，毕竟只是研究过程的辅助部分，不是研究过程本身，更不是核心。

关于文献综述的三大误解

关于文献综述，有三个常见的误解。第一，指望通过读名著或顶刊论文找到空白、突破口或生长点，作为自己研究的起点，这不是不可能发生，但概率很小。社会科学与数学和其他自然科学有个根本区别。正常的数学家和科学家不会否认自己研究成果的局限，不会刻意掩盖研究过程与成果的漏洞。数学有著名的猜想，科学有著名的假设。此外，数学家的研究成果如果确实有错，早晚会被发现；科学家造假，早晚会被揭穿。社会科学则不然。正常的学者不会坦率承认自己研究成果的局限，即使明知论证有漏洞，也要坚持自圆其说，否则论文无法发表，书不能出版。实在圆不了的漏洞，要么一笔带过，要么把漏洞表述为深刻见解。比如，论文中有没解决的疑难，结论说这是有待深入研究的课题。社会科学没有著名的猜想，也没有著名的假设，只有著名的没有结局的辩论、不断更迭的著名理论、不断改变立场的著名理论家。有些著名理论家之著名，就是不断用著名的新理论代替著名的旧理论。即便事实上已经改弦更张，也不坦率承认旧理论的漏洞，更不宣布旧理论错误。社会科学界偶尔也有质疑造假的勇士，但是，除非涉嫌造假的是吃相极差的新人，质疑只能制造疑案。如果被质疑的是名人，质疑者还有碰瓷儿的嫌疑。凡此种种，造成社会科学文献鱼龙混杂，靠看文献发现研究前沿，近乎不可能。要发现前沿，一靠行家导师指点，二靠参加严肃的学术会议，提交已经改到山穷水尽的论文。严肃的学术会议很像工业博览会，厂家展示最新技术、最新产品，甚至展示最新的研发创意和愿景。参加学术会议，要严肃认真地演好两个角色。一是卖家，在不泄露商业机密的前提下，展现自己最好的研究成果。更重要的角色是买家，认真参观，细心看产品介绍，用心听介绍，能大致估计大小同行厂家的真实前沿。学术界有个特点，就是利己与利他实现统一的机会较高。每个学者都是卖家，希望自己的产品成功。与此同时，每个学者也都是买家，出于自我发展的目的，愿意得到能提高自己产品竞争力但自己无法制造的工具：更精致的理论、倍数更高的望远镜、分辨力更高的显微镜。社会科学研究基本上是单兵作战，有些互助组，但能精诚合作的不多，能长期精诚合作的属凤毛麟角。一篇文章的作者成群，则作者基本上是乌合之众，每个合作者都争取把付出最小化，把收获最大化。凡此种种，决定了社会科学研究更离不开表面上独立自主的学者之间的分工与合作。最重要的分工，就是理论思维能力强的学者提出猜想或假设，调研和实证分析能力强的学者检验这些猜想或假设。一般来说，创立理论提出假设的学者资历深，见多识广，清楚研究前沿。再者，理论先行，假设在先，资深学者的理论和假设往往亟待善于实证分析的年轻学者的检验，理论家与实验家是天然盟友。所以，如果这样的资深学者活跃在学术会议中，那么他/她们是年轻学者最应该努力汲取的宝贵资源。他们三言两语点评，就能让一篇竭尽全力但只做到八五成的会议论文发生质的飞跃，突破从八五成到九成的瓶颈。当然，前提是年轻学者已经竭尽全力把文章做到了八五成。天助自助者，普世皆然，学界尤其如是。

第二，希望把相关文献一网打尽，执意求全。求全精神可嘉，但需要天才的语言能力、阅读能力和记忆力。如果不是天才，应该追求相对的全，也就是不漏掉重要文献，特别是不漏掉对自己的文章有否决权的学者的论文。借助谷歌学术和重要期刊自带的检索工具，不难做到无重大遗漏，但很难一网打尽。文献不仅有多种语言，还天天更新，天才也不可能一网打尽。文献也不值得一网打尽。有些刊物形迹可疑，比如收取巨额版面费，虽然挂着匿名评审的幌子，也不值得看。还有些刊物，虽然正规，甚至高大上，但刊发的一些论文并无新意。所以，只要自己有新见解，就会发现发表在正规刊物的不少论文不靠谱，不值得看。为了减轻对文献不全的忧虑，不妨反复提醒自己，做研究写文章的首要任务是创新，不是天衣无缝地证明自己确实有创新。只要确信自己发现了新事实或者在分析方法和观点方面有创新，只要已经尽心尽力、诚心诚意承认其他学者对相关研究的贡献，就可以相信学术界总体而言公平，放心投稿，不必求全。这样做，即使确实无意中遗漏了重要文献，公平的评审也会指出这是无心之过，会指出遗漏的文献，修改时补课，一点儿也不晚。如本讲最后一部分解释的，做文献综述时不妨慷慨些，为了让同行学者觉得得到了足够的承认，甚至不妨合理地过誉，这可以让懂行的评审确信自己是公平的学术竞争对手，也就有助于减轻求全的压力。每一本学术专著都有令人望而生畏的参考文献目录，多数是装饰，有些甚至可能是幌子。天才学者的境界，非天才可望而不可即。我见过大学者梯利（Charles Tilly）教授的《关于政治变迁的书目选编：2000 版》（*Selected Readings on Political Change：2000 Version*），单行距，254 页。书目的编制和更新可能借学生助理之力，但对大量著作的点评无疑出自梯利教授之手。对这样的百科全书式文献目录，正确的做法是当百科全书使用；对百科全书式的天才学者，天才可以梦想赶超，非天才的正确态度是高山仰止。如果不自量力，不是天才硬要赶超天才，大概会有两种后果。一是早早出局；二是只学到天才学者一半功夫，博闻强记，但缺乏创见，成为学术鉴赏家和批评家。

第三，混淆学习与引用。学习过程中要读经典文献，综述文献时要看不少书和文章，但看过的好书好文章并不都值得引用。引用谁的作品，就是以谁的作品为对话对象。对话是婉辞，其实就是质疑，就是批判。即便用褒扬的方式引用，潜台词也是：这篇文章真好，但我的论文更好。既然是质疑和批判，就不要四面出击。论文讨论的是某一种树，就老老实实地引用关于这种树的前沿文献。所谓前沿，就是并非定论，并非无人质疑的经典。自己要创造新理论，开启新范式，当然要以质疑经典为起点。如果雄心不这么大，不要引用无人质疑的经典。学界公认的大师基本上都过世了，学术界把门的是他们的弟子或再传弟子。如果不打算与大师对话，最好不要直接引用大师的经典，尤其不要含糊其辞地引用。比如，引用韦伯，就要跟韦伯对话，否则就不要引用，避免拉大旗作虎皮的嫌疑。需要引用，最好提供准确页码。写论文乱引经典是生手常犯的错误。论文写的是某一种树，却引用关于森林的经典，也是新手常犯的错误。引用与主题不相关的文献，相当于承认自己对文献把握得不准。引用不大相关的文章，还有"安插评审"的嫌疑，可能节外生枝。

建设自己的核心文献

尽快开始建设自己的核心文献，也就是与自己的课题最直接相关、最权威的几本书和几十篇文章。特别有用的是系统综述自己课题文献的综述文章，这个核心文献涉及自己课题的核心概念和论点。采用诸葛亮的读书法，观其大略，在记忆中建个索引，用的时候再仔细斟酌。

建设自己的文献库，要有品牌意识。原则上，只看同行审稿的权威学术期刊的论文，只看大学出版社和口碑好的商业出版社的专著，不看作者给钱就出书的商业出版社的印刷品，不看教材，不看未发表的学位论文，尤其不看二三流大学的学位论文，不看 SSRN 上铺天盖地的占位会议论文和工作论文。

一般来说，作者的生活年代越远，他们的经典著作确属原创的概率越大。例如，你不必担心亚里士多德的观点是否原创。但是，看到一个在世的学者自诩贡献了对"政治信任"的新定义，怎么办？做考证，无疑不值得；自己没全面读过经典，也不敢轻易否定。这时要看文章发表在什么等级的刊物上，看被引用次数，特别要看文章被其他学者引用的次数。被引次数，是活力的正指标；自引次数，是活力的负指标。

文献很多，像森林。有活树，有死树，有半死不活的树。分辨真假文献，如同辨别活树与死树。这一步最关键，写论文是创造一个精神智力生命，无论打算怎样用文献，都只能与活树对话，用活树当对手，拉活树为盟友。树的种类不同，有的适合当栋梁，有的适合做家具，有的只能当装饰。同一种树，材质不同，都是松树，高大挺拔的能当栋梁，中等的可以做上等家具，小巧玲珑的可以当圣诞树。分辨论文的材质，可以参考期刊的影响因子排位。自己能发"某刊"，不妨对"某刊"嗤之以鼻；没发过，不可妄自尊大。

高被引论文通常值得引用，这样做是相信学术同行的眼光。同行至少不比自己傻，引用是关注和承认，关注和承认是稀缺品。作者也分等级，谷歌学术是分辨作者等级的有力助手，很容易查到作者的发表记录、被引用记录。论文多，标题相似，是灌水的标志。多篇论文，参考文献相似，是缺乏创造力的标志。过度自引，过分自荐，是小学者冒充大师的标志。

鉴别文献真伪和价值的眼光，归根结底来自自知。自知，一是知道自己的见解，知道自己有什么；二是知道自己的局限，知道自己缺什么。

学会寻章摘句

学会寻章摘句，知道到哪里寻，怎样摘，怎样把零零散散的说法编织成研究前沿。文献，一要读懂，需要用心；二要窖藏，需要耐心；三要遗忘，需要宽心。前互联网时代，可以读到的，少数值得读；值得读的，极少数值得细读。学者可以凭一己之力筛选、细读，所以寻章摘句是不良学风。互联网时代，可以读到的，极少数值得读；值得读的，极少数值得细读，但这极少数，学者凭一己之力筛选不出来，更读不完。寻章摘句不仅是真功夫，而且是在学术界生存的唯一正道。

不提倡寻章摘句的大学者，强调做学问要练好"基本功"，他们面向的是天才。不是天才，也有权在学术界谋生存，为了不被指数增长的文献之山压倒，不在花样翻新的研究方法海洋中翻船溺水，寻章摘句是必须锻炼培养的真功夫。读量化研究的论文，寻章摘句最容易，看看关键表格就可以。

谷歌学术是做文献综述的利器，能把耗时耗力伤神伤心的文献综述变成精准打击的智力比赛。快速检索目标刊物的 20 年记录，估计文章与刊物的拟合度，不费多少周折，就能找到名牌学者在顶级刊物发表的高引用论文。找到了，路就通了。追溯以往，看这篇文章引用的论文；追踪进展，看引用这篇论文的论文。网上资源过多过杂，要围绕自己的研究兴趣建一个属于自己的文献资料库，它首先是个文献目录文本，其次是重要文章的电子版。记忆力很重要，但靠天赋；判断力更重要，靠训练。

为写而读是不二法门

以我思我想为中心，听从维达夫斯基（Aaron Wildavsky）的忠告，为写而读（read to write）。为写而读，先体后用，宁晚毋早。学习阶段，准备博士资格考试，只是了解文献，观其大略就足够了。使用文献，是批判文献，证明自己超越了文献，这时要刨根问底，只有这样才能准确掂量文献的轻重，发现文献的漏洞和空白。我补六经，六经注我。先有我，后有注。

自己的创新是体，文献是衣服。优先构建自己的体，了解体的尺寸，估计体出现的场合，然后再找衣服。这样，平时满眼都是衣服的商店会忽然空很多，不会花冤枉钱。建立经验内核与运用文献是互动过程，不要硬分先后。论文是对话过程。自己没有视野，对话无从开始；仅有自己的视野，唯我独尊，对话无从进行；不能实现视野融合，也就无法验证自己的想法是否有创新，无法证明新在哪里。

不要受误导，不要让毫无意义的文献压垮自己。书要读，论文要看，但要主动看。主动看，不是主动学习，而是主动批判。批判就是挑刺，挑刺要先有自己的立场和观点。做文献综述，下真功夫是找出文献的漏洞与不足、挖出文献不成立的隐含前提，围绕自己的研究发现，准确寻章摘句。博览群书，博闻强记，是真功夫，但是如果停留于此，炫耀学问，掉书袋，不超越文献，不贡献新知，真功夫就结出了假成果。

文献综述与研究写作，都必要，不必硬分先后。不过，我的体会是，文献综述宁晚毋早。做得太早，可能出现两个问题。读到好论文，信心受打击，可能压抑甚至窒息原创的种子。读到坏论文，如果分辨能力不够强，可能把垃圾当宝藏，宝贵的记忆变成了垃圾箱；如果分辨能力不够强，可能误以为学界不过尔尔，助长自负，小看天下英雄。晚一点做文献综述，最大的风险是重复发明了车轮，但这个风险在社会科学领域几乎可以忽略不计，因为社会科学研究至少具有素材独特性：案例是独特的，数据库是独特的，对公开数据中某些变量之间关系的解读是独特的。如果连这点基础的独特性也没有，不可能有学术创新。退一万步讲，即使发生撞车事件，至少证明自己有创新能力，从撞车的地点沿着自己的思路前进一步，往往就突破了撞车双方共同的极限。数学与自然科学前沿比较清晰，共识程度较高，评判标准相对稳定，主观随意性较低。但是，社会科学前沿高度模糊，共识度很低。多数情况下，被接受的智慧（accepted wisdom）、主流理论（mainstream theory）、已有的学术成果（established scholarship），存在于少数资深学者的记忆中，也存在于少数新锐学者的感觉中，但这两个少数群体的成员意见高度分歧。除了极少数例外，没有哪个概念有公认的首创者，没有哪个定义得到多数学者认可，没有哪个论点有公认的始创者。值得引用的论点，几乎每个都有一长串可以引用的著作和文章。最好先自己下点功夫，利用独有的资源，找点独有的材料，做点独有的分析，产生点独有的想法，从而扎住根，奠定基础。没有属于自己的根基，根基不牢固，很难对付研究文献的一潭浑水，一堆鱼龙混杂。以种树为喻，开出属于自己的一小块园地，精心耕耘，选好树的种子，勤勉呵护，让学问之树的根扎深延展，学问才可能成材，才可能结出果实。每个学者都是一棵树，对待文献的正确态度是尊重其他的树，把其他的树当目的，同时把其他的树当工具。在这个意义上，一切学术著作都是工具，所有学者都是制造工具的工匠。

为写而读，特别适合在美国读社会科学的博士生。美国的社会科学训练很教条，要读很多书，强调科班训练，自然有道理，但我觉得费力不小，收获不大。为了通过博士资格考试，不能不认真对待。认真，就是多看书评，多看文章摘要。通过博士资格考试，成了博士候选人，就以写为主，甚至不妨九成写作，一成读书。仍然要读书，但不是为了学习而读书，是为了创新而读书。需要读什么，就读什么；判断需要读什么，就看自己写了什么，写到了什么程度。竭尽全力，写到不能更好的程度，再去看文献。这样做，表面看是颠倒了顺序，会浪费时间，其实不然，关于一个问题，自己已经尽了最大努力思考和写作，看文献很快就能抓住要点，知道自己的创新点是什么。

自己不动笔，不写到理屈词穷山穷水尽的地步，不要读文献。过早读文献，会因为没有自己的见解而抓不住要点，抓不住文献的要点，就会觉得文献处处是要点，甚至处处是闪光点。这样读文献，会觉得自己没有创新的能力，自己好不容易有了点见解，一看文献，发现已经有了，不仅有，还比自己的见解深刻。这样，自信心会越来越小。荀子说："锲而舍之，朽木不折。锲而不舍，金石可镂。"运气好找到了璞玉，先自己琢磨，不要着急看文献。否则，璞玉就可能变成朽木。文献是看不完的，只能采取实用主义态度，用哪些文献，就看哪些文献。看，也不是每篇文章每本书都认真看，绝大多数，观其大略就够了。少数直接对话的，才值得细看，反复看，在字里行间看出文章来。

引用文献要公平大度

文献综述是既准确又大度地寻章摘句：准确是科学，大度是艺术。引用文献时，要公平积极地讲足其他学者的贡献，严肃认真地与他们争论。争论，是有凭有据，有理论有分析，不是强词夺理的争辩，也不是各说各话，是有建设意义的对话，同时是自己新观点的有力呈现。对同辈人中意见相近的同行表示认可，标志语词是"发现""指出""观察到"。准确充分肯定这些同行的贡献，宁可偏多肯定，绝不贬抑半分。

为了做到客观的公平，主观上要尊重，甚至要尽量慷慨大度。这是因为主客观之间有落差，相应地有个普遍的心理偏差。我们看自己，偏向看优点；看他人，偏向弱点。学者尤其如此，自我意识强，自信自负乃至自恋。与此相应，对其他学者的尊重总是不够。评论其他学者的观点和成就时，往往自己主观上觉得公平，客观上却是扬己抑人。这样一来，被引用的他人就难免觉得被贬低，甚至觉得被剽窃。学者应该意识到这个张力，承认这个张力，适应这个张力，自觉躲避由这个张力制造的心理陷阱。自觉纠偏，才可能让人家觉得公平；不自觉纠偏，很可能让人家觉得我们故意贬低他们的贡献，从而变相抬高我们自己的贡献。

做到公平大度很难，但极其重要。能否做好，是衡量学者成熟度的重要指标。对意见相近的同行表示不认可，可选的标志语词是"声称""断言""论证"，尊重程度由低到高。我建议选最尊重的"论证"。不同意人家的论证，就提出自己的论证；不认可别人的论据，就提出自己的论据。不要打嘴仗。公正承认同行的贡献。哪怕是自己先想到了，或者独立想到了，只要同行先发表，务必准确引用，把该归给同行的功劳归给人家。文章都有短处，只要不影响自己用的长处，不必提及。如果影响自己用的长处，要准确指出，有保留地使用，前提是作者不做假，不掩盖致命弱点。除非是写研究述评文章，不必言其短。一般来说，作者最清楚自己文章的短处和弱点，最懂得下一篇文章应该怎样设法补短。只说知道的，知道的不全说。不揭短。留有余地。要让同行为他们的研究自豪，为他们的研究成为我们研究的基础自豪，为我们的研究超越他们的研究兴奋。兴奋不是欣慰，更不是欣喜，是刺激。

六经注我

做文献综述是六经注我，主次分明，先后分明。主和先是我，次和后是注。创新是体，文献是用。先有体，后有用。在顶级刊物的论文中，也许能找到前沿问题，但很难找到空白和漏洞，越看越没自信。不如抓住自己有兴趣也有新材料的课题，直接做自己的研究。最后，提醒一句，有些文献综述指南，洋洋洒洒，总结出若干条，是纸上谈兵的学院派教条，特点是想得到，说得到，做不到。这类文章是有意无意的骗局，欺人，自欺，自欺欺人。会使这些招数的，是在实践中学会的；不会，靠读这类文章学不会。

文献综述的全与不全

阅读文献时，如何确认自己读过的文献代表了目前的研究现状，而不会有所遗漏？这个问题困扰每个学者，包括我自己。只不过，这个问题像块棱角分明的巨石。在学术界时间长了，积累的经验会慢慢磨掉石块的棱角，减小它的体量。虽然写论文时仍有这个困惑，但不再觉得泰山压顶，也不觉得如芒在背。

没有诀窍，只有两点常识。一是要凭良心综述文献。使用最先进的文献检索工具，用自己论文的关键词检索，认真看每篇最新的相关文献的摘要。对直接相关的论文，持积极肯定的态度总结其要点，宁可拔高其贡献，绝不贬低，绝不暗讽。文献如山如海，而且每天增长，若非天才，无论怎样努力也不可能把文献一网打尽。但是，凭良心综述已经找到的文献，就是给自己制作救生圈。对文献不公正，全也是不全；对文献公正，不全也是全。只要审稿人确信论文作者是诚实的君子，即使发现作者遗漏了重要文献，也会宽宏大量地指出，而不是尖锐刻薄地质疑。哪怕被遗漏的是审稿人自己的得意论文，公正的审稿人也不会因疑生怒，上纲上线。

二是慢慢建立自己在学术界的身份，用自己的研究成果把自己变成一个值得同行信赖的学术品牌。二十多年前，欧博文老师对我说过：除了名声，学者一无所有。学术品牌如商业品牌，难建易毁。自尊的学者莫不小心保护自己的学术声誉。因此，只要在学术界建立了良好信誉，就不必在综述文献时战战兢兢，如履薄冰。审稿人有权力，但公正的审稿人深知必须尊重论文作者的权利，否则就是滥用权力。一旦成为名牌学者，匿名就变得十分困难，学术名誉就成了审稿人必须尊重的权利。

综述文献不可能面面俱到，滴水不漏。这是学者无可奈何面对的现实，也是不可能消除的不安。尊重同行，辛勤建立小心保护自己的学术名誉，是化解不安的有效方法。

为什么越看文献越气馁？

学者不能不看文献，但初入道的学者往往越看文献越气馁，越焦虑，觉得别人水平太高，自己水平太低。

这是因为看文献的方式不正确，发生了错觉。错觉来自两个心理盲点。第一，看文献是以一对多，自己一个人看，作者很多，文章很多。年轻人常有的心理盲点是，觉得自己必须立刻与文献打个平手，甚至希望立刻打败文献超过文献。这样想，就发生了错觉，给自己立了不可能达到的目标。正确的方法是跟每个学术同行比，跟学术同行的每篇文章比。不要以大英雄自居，指望一出道就单挑整个学术界。

第二，看文献是以自己的一时一刻看同等聪明的人几个月甚至更长时间的心血结晶。如果以为自己花一小时两小时就能看透人家几个月时间反复修改精雕细琢的论文，甚至发现人家论文的弱点漏洞或空白，就过高估计了自己，发生了错觉。这也是常见的心理盲点。

一句话，看文献时，要记住一句名言："战略上藐视敌人，战术上重视敌人。"当然，这样说，不是以学术界同行为敌，而是以研究课题为敌。

怎样建设自己的核心文献？

先界定"核心文献"。一般来说，关于特定课题，总有学术界公认的经典文献，几本或十几本书，十几或几十篇文章。学者的难点有两个，一是找出与自己的研究课题直接相关的权威文献，准确划定范围，既不遗珠，也不容鱼目；二是读懂、读通，抓住各篇文献的要点。换言之，建设自己的核心文献，就是以自己的研究兴趣和研究心得为核心，选择可能有助于自己取得突破的文献，把自己的研究需求变成几条线，每条线由几篇论文或几本书拧成，这几条线织成一张网，既是安全网，也是弹射网。

建设核心文献，目的首先是六经注我，其次是我注六经，关键是有"我"，以"我"为中心，"我"字当头。学术生涯就是在精神世界寻找"我"，在学术成果的发布平台建立"我"，把"我"的一得之见变成同行学者"核心文献"的一部分。建立"我"不易，赢得"他人"承认更难。

不过，一得之见并非高不可攀。有研究兴趣，长时间专心琢磨，总会有点研究心得。有一管之见，自信既新颖又有价值，就要争取发表。要发表，就要证明自己的心得确有新意，一管之见是真知灼见。论证自己有创新时必须引用的文献就是自己的核心文献。

想法铢积锱累，来源多样。有些与文献没关系，来自推己及人，读访谈记录，揣摩受访人心理。不过，多数想法的成型与文献有直接或间接的关联。有的直接采纳其他学者的概念和分类，有的产生于对既有概念和分类的质疑，有的得益于其他学者关于多向度观念测量的新思路。有些想法和说法，自己先悟出来了，用自以为独创的关键词检索文献，在文献中看到了类似的想法或说法，可能感到失望，但往往得到启发；看不到类似说法，"独孤"了，略感不安，但更多的是欣喜，觉得独创有望，深感鼓舞。写论文时引用对自己有助力的文献，是实事求是地承认前人的贡献，同时也就恰如其分地说明自己的创新点在哪里。这些文献就是核心文献。

十年前，我曾发愿补文献课，收集了上百篇与政治信任有关的论文，全文下载，做详细文献目录，看摘要，读论文，做笔记。但是，没过多久，我就觉得这个作法对我不合适。我脑力不济，记忆力不强，时间不充裕，无法走通这条堂堂正路。英文不是母语，做不到一目十行，更做不到一目了然。读论文，求快抓不住要点，放慢觉得每篇论文都有很多要点，难分轻重，也就不能提纲挈领，抓不准，更抓不全。更大的问题是，即使自信抓住了论文的要点，因为没有牢固的一得之见，觉得没有根，除了敬佩，就是同意，没有质疑的底气，也就不知道这要点对自己的研究有什么用。

此路不通，我只好调整作法，以自己的体会和分析为中心，努力"回到事实本身"，有了新想法，再翻文献。最近十几年，谷歌学术越做越好，成了高效研究助理，不仅可以用关键词检索论文全文，还能检索专著的全文。有了自以为新的见解，用自以为独出心裁的关键词检索文献，与其他学者一拍即合的情况渐渐增加，觉得自己的思想深度不亚于其他学者，增强了自信。更重要的是，与其他学者话不投机的情况也在增加，找不到知音的沮丧兼惊喜也开始出现。话不投机，先不论断他人，反躬自问，意识到话不投机可能是因为用词相同但用意不同，词同意殊可能因为语境差异，进而直觉到概念的原发语境与应用语境的差异是个创新契机。厘清一个概念原发语境的本质特征，就挖出了这个概念的隐含假定。隐含假定，就是概念原创者视为理所当然的条件，是他们理论思考的起点，类乎美国语言哲学家蒯因（Quine）说的"本体论承诺"。比较原发语境与应用语境，发现二者的不兼容性，也就发现了原概念隐含假定的不适用性。设法把原发语境与应用语境普遍化，找出一个能涵括二者的抽象程度更高的语境描述，就找到了修正分析框架的必要性和机会。一步步摸索，顺藤摸瓜，对自己有用的文献由点变为线，由单线变为复线，进而变为多线，由松散的多线结成网，核心文献就建立了。

只看对自己有用的文献

衡量新文献是否有用，有三个标准。第一，是否启发新思路，提供新方法。第二，是不是值得攻击的新靶子。第三，是不是可以用来给自己搭台的新石料，有助于证明自己的研究是有价值的原创。

不言而喻，对自己研究的问题没有深刻敏锐的体会，没有与众不同但尚待论证的思路，就无法判断层出不穷的论文对自己是否有用。眼下对自己没用的新文献，将来可能有用，不妨敬而远之，供在书架上。但是，为了让自己轻装上阵，不妨在内心深处把眼下无用的文献视为精致的废品。

三十年前，谈到系里不少教授以《美国政治学评论》为圭臬，欧博文老师跟我说了件趣事。《美国政治学评论》是美国政治学学会主办的刊物，会费包含"机关刊物"的订费。耶鲁大学的斯科特（James Scott）教授是会员，定期收到刊物。但是，"顶刊"在他手中只有三秒钟寿命。他从信箱取出，径直走到废纸篓，随手一抛，完事大吉。我们是小人物，不宜效法斯科特教授这样的天才学者。新文献要看，但主要是走马观花地看。一本刊物，看看目录，就知道是否有对自己有用的文章。

文献是不断长高的山。对待文献，正如对待食物，要有选择能力，更要有节食毅力。否则，就成了在陈家庄作客的天蓬元帅："不论米饭面饭、果品、闲食、只情一捞乱随，口里还嚷'添饭添饭'。"不加选择地读文献，不仅没用，还产生"负能量"。打个比方，胃弱，不能吃山珍，大可不必天天看山珍。不能吃海鲜，对海鲜过敏，更不要天天看海鲜，海鲜比垃圾食品更危险。

追求学术创新，对待文献要保持健康心态。健康心态听起来有点狂妄，是：文献九虚一实。

看待一个文献的三种心态

一篇论文只需要提出一个重要的新论点，也只能提出一个，一朵红花。新而小的论点是绿叶，是红花的佐证，不能喧宾夺主。

新论点之为新，无非两种可能。第一种创新，石破天惊，前无古人。但是，在各学科都如此发达的现在，这种创新近乎不可能了，仅存的微小机会留给旷世天才。非天才，三十岁前应该敢于幻想，过了而立之年，就要及时放弃对自己的种种不切实际的幻想。具体点说，就是放弃屠龙的奢望，转向自己能力可及的研究课题。可以是猎狮，也可以是雕虫。

第二种创新，是在现有的研究基础上有或大或小的突破。突破有起点，作为起点的文献，就是标题说的"一个文献"。这个文献，相当于楼顶，大约二三十篇论文，核心十来篇，有时只有一两篇。但是，文献背后还有文献，是一座大楼，像座大山。

写一篇论文，看待这个文献的心态经历三个阶段。

第一阶段是内心不服气的仰视，虚心学习，但不迷信。楼很高，爬到楼顶并不容易。本科阶段大致能攀到大楼中段，攀出经验，也攀出兴趣。不服地仰视文献要虚心，同时要自信。仰视泰山，不是高山仰止，是自信能登顶。辛辛苦苦攀登书山，才可能知道哪些书有趣，哪些书无聊；哪些作者有真知灼见，哪些作者疑似南郭先生。走完这段路，就做到了车老师说的学会读书。

第二阶段是尊敬的平视，发现目前研究的边界与不足。攀到楼顶，就可以平视站在那里的学者了。这时，知道哪些论点成立，哪些论点值得推敲，哪些论点不值得推敲；哪些学者有真功夫，哪些学者功夫不纯。这个阶段是读硕士，走完这段路，就发现了目前研究的边界与不足，也学会了平视文献。平视文献要有平常心，登顶了，才知道攀登时对登顶的期待并不现实。用车老师的话说，具备这种心态就是学会了做研究。

第三阶段是满怀谢意地俯视文献。走完这段路，拓展了原有知识的边界，并且至少部分弥补了原有研究的不足。这时，自己的研究水平超越了大楼，至少在一个小问题上给知识大厦添砖加瓦，为大楼的增高或拓宽做出了一点贡献。这时，知道自己的哪些论点肯定成立，哪些论点还需要发展；哪些学者值得继续对话，哪些作者值得继续陪伴。完成这个阶段后，超越了以往的研究，站得高了，自然而然地会俯视文献，不仅能主动用优秀文献为自己搭台，还能公正地用不那么优秀的文献为自己搭台。俯视，固然有片刻"一览众山小"的豪迈，但更多的是感到自己的渺小和短暂，基本心态是满怀谢意和谦卑，感谢前辈学者的知识积累，感谢同辈学者的竞争压力，更感谢匿名评审的鞭策和无私奉献。努力超越前人的工作，是因为前人的工作有价值。自以为超越了前人，可能只是幻觉。过不久，也许自己引以为豪的贡献被淘汰，屹立不动的反而是自信已经超越的作品。这个阶段，是车老师说的博士生要学会创新。

如何创新，无人能说明白，声称可以教人创新的都是骗子。不过，如何证明自己有所创新，有可以总结的经验。这一点与参禅相似。如何参悟，无人能说明白。但是，是否已经参悟，有迹可循，禅师可以印可参悟的修习者。

写完文章，有没有对现有文献的俯视感，是衡量是否有创新的可靠指标。俯视文献时是否充满谢意和谦卑，是衡量学者是否成熟的可靠指标。

文献的三种用法

可以把文献分为小中大三圈，采取不同的用法。核心文献是小圈，不仅要细嚼慢咽，还要反刍。核心文献是营养源，也是对话的对象，准确掌握，引用可以搔到痒处，点到痛处，不走板，不露怯，赞得恰当，评得公允。主干文献是中圈，认真看看摘要，看看导言和结论，足矣。主干文献是同一领域中的大山头，引用主干文献，证明自己能分辨精粗优劣。外围文献是大圈，看看摘要，保证引用准确，足矣。引用外围文献，证明自己视野广，博闻多见。

第十二讲
写论文的几点体会

　　写论文是门手艺。跟师傅学手艺，通例是徒弟先旁观，后帮忙，最后实习。师傅传帮带，靠身教，不靠言传。邻邦日本的手艺人，秉承了从我国学到的传统。不管是打铁器制瓦檐，还是做寿司煮拉面，师傅带徒弟，一带数年，师傅闭口不谈手艺，只让徒弟全程观看。徒弟能学多少，全靠自己用心揣摩，努力模仿。直到最近，诸如铁匠制瓦等行业的手艺人越来越老，学手艺的年轻人越来越少，老匠人为避免祖传的手艺在自己手中失传，万不得已才开始言传。老师傅言传时经常发火斥责，直到徒弟终于做出合格产品，才和颜悦色鼓励两句。

　　我在学术界谋生存，靠的是用英文给英美传统的学术期刊写论文，但学艺的方式却是现代日本学徒的方式。导师欧博文教授从来没给我系统讲过怎样写论文，只是带我写。一开始是他写，我看，他问，我答；然后是他起草，我补充修改；再后是我起草，他修改；最后像打乒乓球，他写完改完发给我，我改完写完发给他。

遇到关节点，他会解说，为什么如此这般修改。我一开始完全同意，后来就有不同意见，但总能达成一致。

由于我学写作的方式太特殊，我从来没想过系统总结怎样写学术论文。不过，我深知写作重要，讲课作讲座时总会如实转述欧博文老师的经典说法。一篇好论文，是恰当的词出现在恰当的句子中，恰当的句子出现在恰当的段落中，恰当的段落出现在恰当的结构中。这句话在我脑子里响了快三十年，意思越来越具体，越来越清晰，变成自己的眼光，看自己的文章时也看得越明白。由此可见，说说写论文，有必要；有没有用，全看听者自己。

为读者服务

写论文必须具备读者意识。芝加哥大学教授劳伦斯·麦肯纳内（Lawrence McEnerney）教授有两个视频，主题都是如何写学术论文，一个是 2014 年的《高效写作的技艺》（*The Craft of Writing Effectively*），侧重讲原则；另一个是 2015 年的《超越学园的写作》（*Writing Beyond the Academy*），侧重讲技术。两个视频都值得认真看，仔细听，用心想。我更看重 2014 年讲原则的视频，特别赞成麦肯纳内教授的一个观点：学术写作的关键是让"读者"觉得"你的论文""对他们来说""有价值"。

麦肯纳内教授说的"读者"是"大读者",不是《读者文摘》的"读者"。读者不是一个人,是一群人,一群人是个共同体,但共同体不是严密的组织,是松散的江湖,门派林立,山头众多,以把门人自居的,比值得把守的门多成百上千倍。大读者分两组,一是在本学科站稳脚跟的学者,二是仍在努力站稳脚跟的学者。大读者之为"大",在于他们有资格当匿名评审,对稿件有生杀予夺的权力。权力一样大,但使用权力的方式有差别。第一组比较稳健,第二组则往往比较峻急。

读者意识是服务意识。学术界有求是求真的科学逻辑,也有以研究成果为硬通货的市场逻辑,还有以名声地位为权杖的权力逻辑。要发表,论文有创新是必要条件,在数学和其他自然科学领域,有创新也是充分条件。但是,社会科学不一样,市场逻辑和权力逻辑的力量很大。要发表,除了创新,还需要了解成名学者的底细,清晰理解他们信奉维护但不一定明说的理想与规范,弄懂并加入他们往往深藏若虚的研究议程。成名学者与他们的学生会自然或人为地形成门派或学派,门户之见在所难免。学术生涯难,因为有三个矛盾,三个矛盾都与服务精神有关。一是自信与服务精神的矛盾。学者必须自信,相信自己的判断和能力,但这种自信与服务精神往往不相容。二是兴趣与服务精神的矛盾。做研究必须有兴趣,否则不可能产生灵感,但自己感兴趣的往往是读者漠视的，个人兴趣与服务精神往往不相容。三是自尊与服务精神的矛盾。做研究必须有超乎寻常的自尊自重，否则学术生涯毫无优点，不如做实实在在的营生。做研究时，必须唯我独尊，否则不可能独辟蹊径，发前人与同行所未见。写论文时，必须谦虚谨慎，否则不可能公正对待前人与同行的贡献。

读者意识是创新意识。研究社会，求表面的新不难，天天有新闻。求深层的新很难，阳光之下并无新事。求深层的新，归根结底是让目标读者觉得新。

读者意识是对手意识。聂卫平棋圣学棋时，过惕生先生教导他："棋是两个人下。"棋自然是两个人下，这还用说？不过，过先生说的不是表面现象，而是自觉的意识。下棋时，随手、漏算、出败招、打勺子，往往不是因为棋力不足，而是因为下意识地轻视对手，把实力相当的比赛当成了自己表演，把可以一招致自己死命的竞争对手当成了自己的陪练。算路可能很深，但计算时一厢情愿，看得见对自己有利的路数，看不见对手严厉反击的招法。这就是忘了"棋是两个人下"。自觉地意识到"棋是两个人下"，时刻警醒"棋是两个人下"，就树立了围棋意识。不树立这个意识，不可能成为围棋高手。写论文，道理相同。

读者意识是自我修炼意识。修炼是练"左右互搏"，把对手变成另一个自己，把自己变成两个人。学围棋，做死活题，打棋谱，都把自己一分为二，一个竭尽全力，另一个也竭尽全力，都攻守兼备。对手的水平提高，自己的水平就提高；对手的水平下降，自己的水平也下降。做研究与学棋相似。研究是两个人做，论文是两个人写，两个人都是自己。学棋靠实战，研究靠实践；学棋要做死活题，学研究要学分析技术；学棋要打棋谱，学研究要批判文献；学棋要复盘，学研究要导师评点。写论文是比赛。头脑高度兴奋时，一个自己挥洒自如地创作；冷静下来，另一个自己大刀阔斧地批判。起草时，不妨视学界为无人之地；修改时，务必谦虚谨慎，牢记山外有山。

写作是循环往复的过程

写篇英文论文，大约耗时半年，正文约 8000 词，要大约 300 次"坐功"（sittings），每次坐功大约 3 小时，每次突破极限的大约 300 词。欧博文教授经常说：一篇文章有十成内容，要下十成功夫，前 85% 的内容可能用 15% 的时间和精力，最后的 15% 要投入 85%。后面的这 15% 的内容才是非学者跟学者之间的差距，也是平庸学者和优秀学者之间的差异。

静态看，一篇论文就像一棵树。前一讲说过，主要论点是树的主干，同行评估树是否成材、材质高低、材料大小，看主干。主根有两条。就学术价值而言，实证材料和分析是主根；就现实市场价值而言，得体的文献综述是主根。这里做点补充，逻辑论证是主枝，分析结果的呈示是细枝，文字选择是树叶。逻辑清晰的论文，只读每段话首句末句就可以完全读通，只读每段话的第一句也可以读通。标题是点睛之笔。

但是，写论文是动态的生长过程，从种子开始，从细小处开始。每天写几个小时，树就每天长一点。连续几天不写，树就可能萎靡，甚至干枯。天天写，因为不可能一气呵成；天天改，因为不可能一次改妥。写论文的过程，类似理解艺术品的过程。伽达默尔说："解释学的一条规则是，理解整体，必须从细节出发；理解细节，必须从整体出发。这里存在的是一种循环关系，理解是个运动过程，总是从整体到局部，又从局部回到整体。理解，就是在类似绕圈子的循环过程中生成完整统一的意义。"这段话说透了理解艺术品的过程。把"理解"替换成"写作"，说的就是写作过程。

修改、修改、再修改

不要迷信自己有能力一气呵成，文章是反复修改出来的。罗丹是大雕塑家，留下了粗糙的半成品。假如他能一气呵成，留下的就只能是完美的成品，至少是完美的局部，不是粗糙的半成品。

草稿的特点就是杂乱无章，有很多话，写的时候很兴奋，第二天看就觉得是胡说八道。然而，文章就是由胡说八道改出来的。胡说八道是创造过程。创新思维是无序的，不可预测，当然也不可计划。反映在语言上，无序的创造就是逻辑混乱、文法不通的胡说八道。了解这一点，可以安心坦然地胡说八道。一旦进入草创状态，就可以丝毫不理会任何规则，不讲逻辑，不讲语法，更不讲修辞，要么把胡思乱想落在纸面上，要么把想法敲在电脑文件中，安于泥沙俱下，希望沙中有金。草创时似乎恍然大悟，落笔仿佛有神，极度自由，天马行空，无中生有，不妨信以为真，享受短暂的天才幻觉。写时不要刻意约束自己，自我不妨膨胀，只要不暴露，自信爆棚也无伤大雅。在膨胀的自信驱动下，可以把才能发挥到极致。热度消退后，热昏的胡话说不出来了，需要开始调整心情，回到现实，坦然接受自己不是天才。这样，第二天看到稿件拖泥带水，一塌糊涂，一片狼藉，不会感到沮丧，反而会为自己有充分的心理准备而佩服自己冷静。这种创造心理，并非普遍。每个人都有自己的一套写法，需要自己总结。

修改草稿，一开始不妨慢慢收束，保持对各种岔道的高度敏感和兴趣，见缝插针，见弯就拐，相信嗅觉，相信直觉。所谓独辟蹊径，其实多数是好奇误入，甚至误打误撞，歪打正着。修改过程中，有时觉得处处别扭，得字字小心。改摘要，几乎每个词都得反复推敲。假定读者只肯花费 3 分钟，3 分钟不得要领，就会把论文投入废纸篓。改结论，得言必有据，分寸得宜。

定稿时提纯升级。刀削斧砍，去芜存菁，确信是垃圾的，坚决弃置，可能有用的，小心保存。修修补补，自查自纠，漏洞不可避免，能补的补好，不能补的巧妙掩饰，自己留底，预备下一步研究，不要对自己求全责备，不要奢求完美，只有暂时最好的研究，没有终极完美的研究。

草创与修改都是极限运动，不过一个热，一个冷；一个爽快，一个纠结。鲁迅先生谈创作经验："写完后至少看两遍，竭力将可有可无的字、词、段删去，毫不可惜。"海明威说，把很精彩的删掉，留下的才是最精彩的。

写作如修行

修行有三要素：求道、苦修、解脱。写论文的过程很相似。

一、求道

写作是求道，需要大局观。棋圣聂卫平说："我教给金庸一个下棋的秘诀,那就是经常抬头看一眼全盘,不要一直盯着局部,因小失大。有了这个习惯,他的棋果然提高了不少。"话很短,但很有讲究。"经常抬头看一眼全盘,不要一直盯着局部",说的是大局观。大局是总体,总体由局部构成,但总体的灵活性高于局部灵活性的总和;各个局部构成总体,但各个局部变化的复杂性高于总体的平均复杂性。"有了这个习惯,他的棋果然提高了不少",说的是实践观。习惯只能靠自觉的不断的实践培养。听到秘诀,懂得秘诀,信服秘诀,不实践,秘诀就是正确的空话;自觉地反复实践秘诀,养成了习惯,秘诀就由瞬间的领悟升华为恒久的境界,大局观就由旁观者的冷眼优势变成了当局者的战略思想优势。其实这个秘诀对所有业余棋手都一样有用,说的是专业观。这里的关键是"业余"二字。这个秘诀无疑对所有棋手都有用。但是,专业棋手都掌握这个秘诀,否则成不了专业棋手。专业棋手的常识,是业余棋手的秘诀。童年业余棋手把秘诀变成习惯,才可能成为专业棋手。

万法归一。棋理是理,学术研究的理也是理,理与理相通。一篇论文很长:经常浏览看看全文的结构,不要一直盯着小节、段落和句子。下棋需要大局观,写论文需要全局意识。围棋被算法攻克,是棋手的不幸,但丝毫无损围棋的教育功能。围棋最适合培养生存和发展的意识。从第一手棋开始，既要有大局观，又要精于计算；既算大账，也算小账；既寸土必争，又明于弃取。这些道理，都适用于在学术界谋生存求发展，但都需要从抽象变为具体，从外在的原则变成内在的思路，从观察的眼光变成手上的功夫。学围棋，做死活题的用处最容易体会，学定式的用处也不难体会，在这两方面下真功夫，锻炼的是实路棋力。但是，要成为高手，还要提高虚路棋力，路径是打棋谱。但是，打棋谱的用处极难体会，要看棋手的自战解说，还要看其他高手的评论。

求道事无巨细，事事都要认真。求道的前提是虔敬，有虔敬之心，就不会觉得哪些事是可以忽略的细枝末节。比如，几乎每个刊物都有独特的格式要求，如果投稿被拒，另投就需要修改格式，令人厌恶。但是，不能掉以轻心，必须认真对待。执掌《应用与环境微生物学》多年的德雷克（Harold Drake）道出了其中原委：如果稿件的格式不符合刊物的要求，评审人会猜疑是其他刊物拒掉的稿件，内心起疑，审稿时会格外提高警惕。

二、苦修

启功先生说："工夫"是"准确的重复"。"准确"二字至关紧要，力求准确，得积极主动，全神贯注。漫不经心的重复，应付差事的重复，无益进步，令人厌倦，而厌倦是学习的头号敌人。重复有两种。一种是单调的，比如可以穿石的滴水，这种重复有效，但人不是机器，忍受不了单调。把持之以恒理解为单调的重复，是误解。持之以恒是有节奏的重复，有节奏的重复是有起伏的循环。

学术写作是有生命的、创造性的，不是机械单调的。节奏有一天的节奏，有跨天的节奏。并不是每个工作日都能进入写作状态。好日子的节奏分三阶段。第一，预热和加速，需要积极的耐心。第二，全速前进，需要抵御干扰和诱惑。第三，思路仍然畅通，感觉已不敏锐，需要留有余地。写几个关键词，提示自己下一步做什么，制造未尽的余兴，利于次日进入状态。别人如何，不得而知。对我来说，多数日子不是好日子。较好的日子，勉强进入写作状态；普通日子，徘徊在写作状态边缘；较差的日子，文思枯竭，身心俱疲，深感山穷水尽。苦日子多，好日子少，状态起伏不定；低谷多，爬坡多，登高少，是中人之材学术生涯的常态。换个角度看，中人之材而以学术谋生，能否接受这常态，创造并保持自己的写作节奏，关乎生存。对天才学者来说，创造并保持自己的写作节奏，关乎成功。

禅宗有渐修与顿悟两派，顿悟更适合天才，渐修更适合非天才。适与不适，只是程度之别，并非泾渭分明。天才也要苦修，惠能在黄龙寺"八月踏碓，腰石舂米"，累极苦极。非天才也有顿悟的一刻，但需要慢慢攀上修行的高峰。写论文的道理与此相似。非天才做研究，要费时费力攀上知识的尖峰（peak of knowledge），以求得到闪电的灵感，因而要珍惜站在知识尖峰的时段。欧博文老师经常提醒他的学生，不要误以为自己可以轻易攀上知识尖峰。不要误以为自己随时可以轻易攀上知识尖峰，不要误以为自己可以顺利进入尖峰工作状态，这二者都需要很长时间很多努力。

叔本华是天才，但他告诉我们，灵光闪现的瞬间，只能在积极工作中等待："独创的思想，是否发生，何时到来，我们只能等待；即使是关于我们个人的事务，深思熟虑也不总是在我们预定的时间、在我们准备妥当时完成；只要恰当的思考自然而然地活跃起来，我们全神贯注地跟进，成熟的想法会自己选择到来的时间。"这种不自我夸耀的态度，对于他这样一个极其自负的人来说，难能可贵。

三、解脱

欧博文老师说，修改文章时，谨防爱上自己的作品。这是一面。凡事至少有两面。另一面是，不欣赏不爱恋自己的文字，就不可能写出最好的文字。珍惜自己辛苦写的，不断修改，越改感觉越好，越舍不得删掉。像文学创作一样，写论文富有张力。开始修改时，每一稿都改动很大，修改时常有"惨不忍睹"的感慨，动辄大段删除，要舍得。修改幅度越大，进展越快。修改幅度由大变小，快终局了。

修改，修改，再修改，披沙拣金，进而炼金，修改到可以自信地说三句话，就炼出真金了。第一，发现了一个大家尚未深入研究的新问题，对读者很重要。第二，发现了新视角、新材料、新技术，对读者有用。第三，得到一个新结果，值得读者知道。下一步是打造金器，提纯升级，画龙点睛。语气转为肯定，提炼出读者会画重点线、会直接引用的话，把文献作为原创证明与学术包装，投向学术市场，要表现出底气。

修改论文过程的冷热交替，改定论文的一刻，三分欣喜，五分解脱，二分黯然。

观点创新，文章八股

写论文，观点要创新，写法要八股。为了提高文章进入审稿程序的概率，花时间琢磨标题，尽量制造点气氛，仿佛研究结果很重要。

精心写摘要，争取写出一句同行可以直接引用的话，做到"三突出"：突出主题的重要，突出核心论点的创新，突出资料的翔实与分析方法的周密。不要拖泥带水，不要觉得这也重要，那也重要。

设法融入宏大的理论体系，最好跟"重大热点理论争议"挂上钩，至少与"旷日持久的重大理论争辩"搭上界。即使仅仅牵强附会地"接战"（engage）貌似伟大的理论争议，行文也不要谦虚，要敢于断然说"独一无二的数据""新颖的甚至独创的分析方法"，"新发现""新见解""新概念"等等更是不在话下。

在不影响文章内容的前提下，不妨在引用上多下点功夫。文章质量难分伯仲时，尽量多引目标刊物的论文，尽量多引目标刊物中大牌作者的文章。谋定生存求发展，首先敬畏市场力量，其次才能考虑利用它。

功能主义与文体风格

本讲第一部分提到了芝加哥大学麦肯纳内教授关于学术写作的两个讲座，这一部分是我反复学习 2014 年讲座的笔记和感想。

学术写作要奉行功能主义。论文要发挥明确的功能，即帮助学术共同体的正式会员提高他们的学问。学术共同体是俱乐部，在一个学术领域内做出一定贡献的学者才是正式会员，麦肯纳内教授称他们为"读者"，本书称他们为"大读者"。正式会员制定学术研究规则和标准，决定什么是知识，什么是学问，什么是创新。要加入这个学术俱乐部，先要赢得会员资格，赢得资格的手段是对正式会员的学问做出贡献，就是提高会员对他们关心的问题的认识。但是，做到这一点，很难。学术研究的难处是两个字，一是痛，二是痒。学者的痛是清楚自己该懂的不懂，心痛难解；学者的痒是看到树上有成熟的果实，但是，在树下蹦上落下，每次都差一点点够不着，心痒难搔。成年人都善于掩饰自己的痛和痒，学者更精于此道。因此，判断其他学者的痛和痒，对资深学者也是挑战，对新手更是一道难关。写论文时，如果知道别人痛在哪里，痒在哪里，就有了明确的目标，要碰到别人的痛处，也要搔到别人的痒处。有了明确目标，才能实践功能主义的写作。帮会员止痛，帮会员解痒，这就是你论文的价值。刺探其他学者的痒与痛，读优质文献是个办法，但效率较低。论文发表过程像打铁，发表出来的论文多数百炼成钢，至少是打掉了明显的渣子。感受学术界的痛和痒，参加学术会议效率较高，会议论文也有包装，但尚未经过匿名评审的无情打击，一般不至于武装到牙齿。另外，学术会议有资深学者做点评人，他们擅长指出学术界的痒；还有以挑刺为乐、以让发言人下不来台为成就的听众，他们擅长指出论文作者的痛。

功能主义不等于直白主义，学术写作也讲究文体风格。学术文体风格的第一要义是得体。每个学术共同体都有一套规范、一套密码，无论在哪个学术共同体，都要弄清这个共同体的规范，掌握密码。一般来说，不宜直白地说前辈学者有局限，应该更多强调前辈学者的贡献。每代学者都有局限，每个学者都有局限，有局限是共性，是不言而喻的常项，贡献才是个性，是因人而异的变项。学术研究是开放的，没有清晰固定的边界，因此，谈其他学者的局限，论现有文献的空白，往往不足以为自己的研究成果搭出稳固的台基。有的人，偶然遇到一个素材，觉得有兴趣，以为是空白，也确实是学术研究的空白，倾心用力研究，自以为做出了学术贡献，但是，如果大读者根本不关心这个问题，论文根本就不可能入他们的法眼。关心前辈学者关心的问题，厘清前辈学者的贡献，能更有效地为自己的研究成果搭台，前辈学者读了论文有所收益，就无法否认或乐于承认论文有新贡献。同理，对同辈学者，也不要强调他人的不足和失误，即使迫于竞争不得不提，也要点到为止，心照不宣即可。

功能主义与文体风格是统一的，落实在文字上，就是每段话、每句话、每个关键转折词都发挥预定功能。学术论文不必让读者感到富于文采和美感，但要让读者读得顺畅，不憋气，不别扭。有朝一日成了大读者，才有资格在写作时以自我为中心，为了尽量完整地保全思想的独创性，从明白晓畅走向精微曲折，创造一套术语，甚至近乎创造一个有特色的小众语言。

学术写作是门手艺，天才可以不学自通，非天才也能通过反复试错自己学通。论文能发表了，就证明会写了。但是，会写分两个境界。一是不自觉，知其然但不知其所以然；二是自觉，知其然也知其所以然。自觉的会写是自由的写作。

宋代禅师宗杲云："弄一车兵器，不是杀人手段，我有寸铁，便可杀人。"关于学术写作的书籍众多，传授写作技术的课程众多，是一车车兵器。对于用心学的人来说，即使只有最原始的兵器，只要趁手，也远胜赤手空拳。只要学人不在种种广告语言光芒四射下眩晕，不贪多求快，坚持独立思考，坚持实践第一，就可以选出适合自己的兵器，学会使用兵器，在学术界杀出一条血路。注意，血路上的斑斑点点，都是自己的血。

麦肯纳内教授的这个视频是把锐利的匕首，刺穿一个个误导学人的偶像教条。他坦然承认，芝加哥大学的学术写作课程并不广受欢迎，被同行讥讽为法西斯课程。但是，真实的世界并不温情脉脉，学术界是冷酷无情的竞技场。理想主义、浪漫主义、温情主义，是美好的奢侈品；现实主义、实用主义、冷面主义，才是在学术界谋生存求发展的必需品。努力看懂这个视频，反复体会这个视频，有助于在学术界杀出一条血路。血路上依然都是自己的血，但不是斑斑驳驳，而是点点滴滴。更重要的是，血迹是幸存者的纪念，甚至是成功者的荣耀。

动手学手艺

写论文就是修改论文，反复修改是苦修。修改，积极等待，就是不断写，不断修改。研究是思，思就是写：思考，需要有所思，即思考的对象，也需要思索工具，有所思与思考对象都体现为文字或草稿。

手艺终归是手艺，不动手学不会，手不勤学不精。

创新的不二法门是准确的重复

创新的不二法门是准确的重复，这样说，有脑科学研究成果为依据。完成创新很不易，要把火星变成火苗，把火苗育成火炬。从火星到火苗，靠准确的重复；从火苗到火炬，靠准确的重复。开始创新并不难，以石击石，不难击出火星。每次撞击都火星四溅，反复撞击，如同粒子加速器，终能撞出新意，比如发现别号"上帝粒子"的希格斯粒子。灵机一动，火星一闪，是偶然的。灵机与火星，九成九不是新的，前人已经把灵机打磨成发现，把火星培育成火炬。

学术发表中的鬼手

围棋的鬼手指的是对弈双方都未发现的绝妙手段。

鬼手的故事有喜剧，对弈一方的弟子看出来，告诉老师，老师施展出来，击败对手。老师是秀策，对手是吴清源，发现鬼手的是秀哉的弟子前田陈尔。

鬼手的故事也有悲剧，对弈双方都未察觉，一方认输后，他的朋友指出了可以赢棋的鬼手。赢棋认输很残酷，能让棋手心理严重受伤，甚至可能一蹶不振。对学者来说，匿名评审指出了鬼手，本来可以获益巨大，却受伤极重，是鬼手悲剧。

发现鬼手的棋手不一定比对弈者高明。同理，发现鬼手的匿名评审水平未必超过作者。对弈者是高手，都发挥出高水平，棋局才会出现鬼手。同理，作者左右互搏，把自我批评发挥得淋漓尽致，文章中才会出现鬼手。

作者当局者迷，往往看不到鬼手。但是，作者毕竟突破了自我，相应突破了学术界的极限，文章足以入评审人的法眼，还能让评审人得到愉悦。评审人像欣赏智力体操一样看作者左右互搏的精彩搏斗，知道自己未必能写出这样水平的文章，更深知自己不大可能抢在作者前发表自己受启发想出的论点。

发现了鬼手，藏私于人于己均无益，指出鬼手则有益。"文人相轻"，学者之间当面不乏彼此恭维，背后极少赞扬他人，在匿名保护下当评审，更难说他人半句好话。在缺乏他人肯定的冷酷环境中，学者必须学会自我肯定，甚至自我嘉许，才能维护心理平衡。指出鬼手是最好的自我肯定和自我嘉许，既恰如其分地表现自己作为旁观者的高明，也给努力攀登的同行雪中送炭。虽然获益的作者不知道自己是谁，毕竟结了一个善缘。缘分的因果链条奇妙，时隐时现，然而总在做功。

永不认输

深度学习（Deep Learning）攻克围棋后，学围棋仍有意义，一是训练不服输的意志，二是发扬与人奋斗的竞争精神。

在以阿尔法狗为鼻祖的 AI 眼中，棋盘上时刻有鬼手，但人类往往看不见。围棋爱好者与 AI 下棋，是与围棋之神下棋。职业棋手与 AI 对弈，是与幽灵搏斗。天天用 AI 训练的棋手，是天天与幽灵打交道，想一想，不寒而栗。

学者比棋手幸运，有机会屡败屡战，也有机会最终取胜。面对的评审匿名而强大，近乎阿尔法狗，但毕竟是人，不是学术之神。辛辛苦苦写了文章，得到评审人指点，继续修改，终究可以发表。自我放弃，相当于原本可以赢的棋没坚持到底，认输了。学者与棋手一样，一次赢棋认输，就可能形成心理惯性。

不认输的精神是追求永恒的精神。人非神，必有一死；但人有神性，追求不朽。学者追求真知，真知是一种不朽。追求不可能达到的目标，心理张力巨大。学者的心理张力，与天赋成正比，与努力成正比，与成就成正比。

知道这一点并非全无用处。明白一个道理，不等于能在实践中遵循它，更不意味着能在实践中得心应手。但是，记住有这么个道理，有助于减轻疑惑，化解烦恼，不会觉得周围的人都走运唯独自己倒霉，也不会觉得周围的人都聪明唯独自己愚笨。

写论文如走路

每个人都有独特的写作习惯。独特的东西说不清楚，勉强说，既无趣，也无益。不过，根据独特的体会可以总结出有共性的经验，本文说三点。

首先，起草论文不要过谦，过谦就不容易找到敢写的题目。不要谨小慎微，不要试图先确定找到了所谓空白。学术界都是聪明人，文献几乎没有明显的空白。如果有明显的空白，一定是别人啃不动的硬骨头。有能力填补的空白是自己打出来的，填补空白的新路是自己闯出来的。开始写一篇论文，应该有舍我其谁的气势。当然，这气势是给自己壮胆，不能跟别人说，一说就不灵了。

其次，修改论文时不要过于自信，否则容易产生挫折感，明明在进步，但觉得自己进展太慢，走弯路太多。承认自己不像自己希望的那样聪明，就有耐心与自己的迟钝周旋。承认自己不敏捷，没有下笔千言的才气，就会为反复修改终于写出一个像话的句子深感欣慰。承认自己语言功力不深，就会为反复琢磨查询终于找到一个准确的词暗自庆幸。牢记自己记忆力有限，修改时不百分之百肯定把差的改好，删节时不百分之百肯定不会后悔，就另存一稿。这样，把好的改坏了，把有用的话删掉了，翻翻旧版本，就能把本来较好的说法找回来，把已经删掉的东西找回来，不至于后悔莫及。

最后，论文定稿要抑制自我标榜的冲动。自己绕了很多弯路才想通一个简单道理，定稿时应该平铺直叙简明扼要地说清楚。但是，创作者往往有过强的表演欲，渴望读者欣赏自己在黑暗洞穴中辛苦摸索的毅力和机智，热情十足地拉着读者跟自己重走长征路。做哲学研究，这个冲动有一定道理，因为哲学是思维的体操，单杠双杠吊环，是练体操不可或缺的器械，也是哲学家的作品。但是，社会科学没那么玄妙。如果不严格抑制自我标榜的冲动，就容易把本应简明的文章写得曲曲折折，一两句话就能说清楚的道理，非绕若干弯路；直白语言就足够，非用一堆晦涩的术语。

写论文如走路，没有一定之规，只要能到目的地，怎么走都行。有的人走姿优雅，行动敏捷；有的人走姿笨拙，连滚带爬。好在学术研究不是时装表演，学者可以把自己的写作过程当成头号机密，把各个草稿版本当成会暴露迟钝无知的黑材料，深藏若虚。

第十三讲
学术生涯的三问四讲

学术生涯有三问、四讲。三问容易说清楚。听讲或读书,问:"你是什么意思?"做研究,问:"这是怎么回事?"写文章,问:"我是什么意思?"四讲,各有特点,各有相应的技术,解说需要点篇幅。

求职报告

在大学谋教职,变量很多,进了短名单就说明自己实力够强。做好求职报告是本分,但不要幻想把命运掌握在自己手中。申请学术工作很像买彩票,能拿到聘书并不证明自己最强,但足以证明自己运气好。

做求职报告,有八项注意。

(一)简明扼要。把复杂问题简约化,让人觉得聪明;把简单问题复杂化,让人觉得卖弄。理论研究,要讲清如何把核心概念操作化;定性研究,要说清案例所属的概念;计量研究,根据听众的水平决定技术难度。听众若是量化行家,求职报告的技术难度越高越好;听众不做量化研究，用最简单的图表总结研究结果，用非技术语言说清楚。一字一句写出讲稿，不要过分相信临场发挥。

（二）有备而来。面试前认真研究用人单位网页的教师介绍，这样有助于有的放矢，也能预想听众可能提出的问题。资深教师参与招聘的可能性较大。如果资深教师不做量化研究，要把关键统计术语、关键变量、关键回归系数讲清楚。报告与问答时，尊重资深教师的研究成果、方法论偏好和政治立场，不说可能节外生枝的话。

（三）推销期货。求职相当于卖期货，一是因为现货往往不够，二是因为现货的市场价值打折扣。即使刚毕业就很优秀，招聘委员会的人也不会特别放在眼里。他们会看发表记录，但看历史是为了估计未来。已经发表的文章不算用人单位的成果，求职时不妨多谈已经完成但尚未"名花有主"的研究成果。如果文章正式发表前接受了聘书，要千方百计请刊物主编以供职学校为作者单位，否则就等于浪费一篇文章。卖期货最难让人信服产品质量，讲自己的研究计划，不要涉猎太广，不要提大而无当的课题，不要提可能引发非学术争议的课题。

（四）自证聪明。发表求职报告要表现得足够聪明。比如，尽量不要念稿子，尽量不要对着课件照本宣科，要努力"讲",展现自己的创新能力和逻辑严密。念稿子容易让人觉得不够聪明。另外,念稿子时无法与听众目光交流,容易让场面变得沉闷。求职报告是游说用人单位购买期货,聪明是期货潜力,比已经表现的实力更重要。

(五)用心答问。答问环节往往决定求职结果。认真记录问题,不要过分相信自己的记忆力。有策略地安排时间,对各位听众提的问题,回答时间保持基本相等。答复太简短,可能引起误会。遇到尖锐但无敌意的问题,要坦率承认自己的研究有不足或局限。遇到明显有敌意的问题,不要针锋相对,可以用对方认同的术语重新精确表述自己的主要发现和观点。

(六)化敌为友。听众提了外行问题,先把外行问题重新表述为内行问题,然后认真自问自答。不妨这样说:如果我理解正确,您的问题是这个意思,我努力回答。千万不要暗示"你提的是外行问题"。

(七)严守本分。主持人让讲多长时间就讲多长时间。不要超时,也不要缩短。超时令人厌倦,缩短招人怀疑。

(八)不卑不亢。

以上是我的浅见,现在看大师的高见。麻省理工学院帕特里克·温斯顿(Patrick Winston)教授如是说。

投影课件(slides)的功能是展示想法,不是教别人思考。做求职报告，目的是展示自己的想法。用投影课件有三大注意事项。

第一，课件的通病是张数太多，每张课件字数太多，空白太少，图片太少，太沉重，让人喘不过气来。精简课件，去掉装饰，选择大字号，减少字数，课件上的字应该容易读。课件是佐料，口头报告是主菜，主次要分明，不能喧宾夺主。单张课件可以有较多文字，但这是特殊情况，比如节录一段有历史意义的文献。展示这样的课件时，要给听众留出阅读时间。

第二，不要念课件。听众都会读，念课件令人厌烦。人类的大脑只有一个语言处理器，可以用来读，也可以用来听，但不能一心二用。课件字数太多，会迫使听众读，而不是听。精简课件后，口头报告的关键词出现在课件中，但不是在念课件，也就避免了念课件会产生的问题。课件可以不要标题，标题自己直接说出来。

第三，慎用激光笔。一用激光笔，就会背对听众，让人家看后脑勺，与听众失去目光接触。尽量不要用激光笔，如果需要标记出某个东西，可以在课件上加个箭头。

最后，一次讲座，一个报告，可以用一张特别复杂的图，听众根本不可能看懂。展示这样的课件，目的就是突出某个事态极其复杂，不是企图说清楚这个极其复杂的事态。这样的复杂课件，只能用一张。

从一个人那里受多少尖锐批评，与这个人的年龄成一定的比例。一个人年龄越大，越清楚自己在世界中的位置。年轻人急于向老年人炫耀他们的聪明才智，有微妙的敌意。如果有机会，最好让答辩委员会成员人人一头银发。

做求职报告，五分钟还没展现愿景，还没报告成就，就出局了。

愿景有两部分，一是有人关心的问题，二是解决路径中的新颖之处。

求职报告要以列举贡献结尾。

讲课

讲课要平和坦率：讲课是传授知识，不是炫耀学问。学生听不懂，说明自己没讲明白，讲不明白证明自己并不真懂。讲课，关键是站在学生的角度，帮他们学会新知识，掌握新技能，不要在学生面前炫耀学问，一无必要，二会适得其反。给本科生讲课，也要尽量保持本色，不要故作高明。爱德华·伯格（Edward Burger）教授的数学课讲得出神入化，更可贵的是保持本色。他讲微积分时说："你不要只看到老师、教授、助教做题一点都不错，做得那么顺利。他们并不比你聪明，只是下的功夫比你多。"他认为授课时间应该加长 5 倍，老师在课堂上领着学生一步一步地走，老师跟学生一起犯错，一起纠错，这样才是更现实、更有效的教育过程。这固然是鼓励学生，也是实话。讲课是表演，虽然不像演戏那样台上三分钟台下十年功，但是台上讲三分钟，至少需要台下付出三个星期的真功夫。只看明星在台上的风光，不看他在台下练苦功，你觉得他特别了不起。如果你看到他在台下练苦功，再看他台上的风光，你就觉得那是他应得的。这样，我们就比较容易客观地、平和地看待他人的成功，承认自己学得很辛苦。

理解老师的心理，有助于当好学生。跟老师谈论文，掌握一个尺度，3 分钟讲清楚。千万不要指望老师有耐心。少数老师有耐心，大部分没有耐心。你 3 分钟讲不清楚，他认为你没想明白，浪费他时间。

以上是我的浅见，现在看大师的高见。麻省理工学院温斯顿教授如是说。

激励学生，有三个有效方法。第一，看看，这个技术多奇妙。实例：讲算法，先展示一个算法，太阳爆炸，吃掉地球，也算不完；另一个算法，几秒钟就大功告成。然后告诉学生，50 分钟后，这节课上完，他们就懂得怎样把前一个算法改成后一个算法。

第二，告诉学生，你们行，能做到！你们可以从新的角度看问题。

第三，表现出对自己从事的事业的热忱。

大学教师最重要的职责是教学生思考，怎样教学生思考？人类是会讲故事的动物，我们从小就听故事，编故事，讲故事，从童话到各种学问，都是故事。教学生思考，就是给学生提供他们需要知道的一些故事，告诉他们：关于这些故事，他们应该提出哪些问题；分析这些故事，需要哪些机制；能用哪些方式组织这些故事；怎样评价这些故事的可靠度。教学生思考，就需要做这些事。

会议发言

在学术会议上发言是向同行汇报研究心得，请教如何把研究做得更好。会场不是课堂，是考场；发言不是讲课，是应考。会议组织人给 15 分钟时间，不妨用满，但不要超时。超时让听众觉得不够聪明，居然 15 分钟讲不明白一篇论文。说废话是不尊重同行，说离谱的错话是自毁名声。发言要明快，为自己争取问答时间。严重超时，是忘了自己的身份，把听众当成了学生。上学术会议讲台，准备时要兢兢业业，发言时要战战兢兢。一不小心，就可能把戏演砸，往往很难得到补救的机会，也就很难给自己恢复名誉。

专题演讲

关于专题演讲，麻省理工学院温斯顿教授有独到的见解，解说之坦率，更是罕见。他以研究人工智能享誉士林，举的例子是本行的例子，很专业。但是，万法归一，他提炼的演讲艺术要点普遍适用。

一、讲出名声

人间是名利场。久负盛名的人，可能会对他们被敬仰与颂扬习以为常，不复特别因为享有盛名而特别自得。但是，对待名声，名人并非丝毫不以为意。对他人表示的仰慕，名人也许不再有特殊感受，但仍然会感到由衷的喜悦，释然的欣慰。

学术界也是名利场。学术界的利不大，金额最高的奖励在富豪眼中也不过是一顿美餐、一杯佳酿。学术界的桂冠是名声。人世间，巨富可能因为求安全淡然名声。学术界，有成就的人绝不可能习惯被他人忽视，不可能对默默无闻无动于衷，不可能不努力赢取名声。

开专题讲座，展示自己的见解与想法，目的是赢得应得的承认与重视。这样做，并非刻意求名，不是为出名而出名。但是，在学术界，精彩的讲座，会为讲者的见解与想法赢得承认与重视，也就自然而然地为讲者收获名声。

二、精心准备

精心准备，巧妙包装，理所当然。温斯顿教授说：
"我们的见解和想法如同我们的子女。我们不想让子女
衣衫褴褛地行走在人间，所以，精心着意包装我们的见
解与想法，理所当然。我们应该学会相关的技术、机制
和办法，恰当高效地展示我们的见解与想法，令人耳目
一新，让人理解并承认它们的价值。"

三、演讲如汉堡包

专题演讲像汉堡包。开篇，承诺助力（empowerment
promise），告诉听众他们可以期待学到真功夫，得到新
力量。

温斯顿教授谈演讲的艺术，用隐含的三段论做助力
承诺。第一，会说和能写，对学者至关重要，沟通能力
之于学者，正如武器之于士兵。"军事法典规定，军官
让士兵上战场，但不给武器，要军法从事。教师让学生
进入社会，但不教会学生如何说话，同样应该受处罚。
学生进入社会，正如士兵上战场；士兵需要武器，学生
要学会沟通。生涯的成功取决于三要素，以重要程度排
序，依次是（1）说的能力；（2）写的能力；（3）想法
的质量。"第二，听他的讲座，能提高沟通能力。奥林

匹克平衡木冠军，初学滑雪，也会失去平衡，虽然运动天赋远远超过他，但滑雪技术远远不如他。沟通能力取决于三要素，以重要程度排序，依次是（1）有多少关于沟通的知识；（2）花多大工夫练习沟通；（3）天赋的沟通才能。关于沟通，他既有丰富的知识，又有多年的历练。第三，有一招，也许只有一招，能帮你赢得成功。"今天你们会看到一些例子，你们可以把它们存入你们的演讲技术工具箱。将来会发生这样的情况：这些简易工具和技术，也许只是其中一个，帮你找到了工作。"

演讲的中段是高见与想法。百宝箱的明珠是温斯顿五星。他说，为了让听众记住我们的见解与想法，专题演讲需要具备五个要素：（1）形象鲜明、令人过目不忘的符号（symbol）；（2）悦耳响亮、令人一听入心的口号（slogan）；（3）一反常规、出乎众人意料的惊奇（surprise）；（4）一枝独秀、引人瞩目的突出论点（salient idea）；（5）简明扼要、有始有终的创新故事（story）。创新故事是三段论：我们怎样得出了见解与想法，这些见解与想法怎样发挥效用，它们为什么重要。

结尾彰显自己的贡献。做投影展示，最后一张课件要格外精心。常见的不妥做法如下：（1）鸣谢众多合作者。鸣谢的人越多，越显得你自己的贡献不大，令人失望。必须向合作者鸣谢，但不应在结尾，应该在开头。

（2）请听众提问，这是最糟糕的做法，浪费展现自己的机会。（3）提供网址。没人抄写复杂的网址，这样做也是浪费机会。（4）谢谢！这样的结尾浪费展示自己的机会。最后一张以"结论"为标题，并无不可，但不得要领。人家不在乎正确的结论，在乎的是你做出了什么贡献。所以，最后一张课件的标题应该是"贡献"。

发言的最后一句话，不要说"谢谢！""多谢聆听！"更要不得。这样说，给人的印象是，大家对你的发言没兴趣，只是出于礼貌才勉强听完。结束时，不妨向听众致敬（欲知如何致敬，请看温斯顿教授的讲座视频）。

说话是门艺术

人文社会科学学者吃的是开口饭，懂得多固然重要，说得好同样重要。人文社会科学学者吃的也是文章饭，不发表，就出局；研究与写作合一，做得好就是写得好，写得好就是做得好。对人文社会科学学者而言，会说与会写格外重要，是腾飞的双翼。懂得一样多，会说的胜出；想得一样透，会写的一枝独秀。伯乐独裁相马的时代已经一去不复返了，投稿、应聘与升级，面对的都是委员会。委员各有专长，也就各有局限，从而各有偏见。所以，申请人的学问是好是坏，往往没有公认的标准，不易形成共识。但是，申请人说得好不好，写得妙不妙，有普遍接受的评价标准，彼此不服的评委也不难达成共识。

找工作，做求职报告，要简洁明快，自证聪明。给学生讲课，既要重复重点，又要激励鼓舞。学术会议发言，面对的是同行，要言不烦。准确肯定同行的贡献，从而界定自己研究的特色；画龙点睛，讲清自己的学术贡献。专题讲座是缩微的三部曲。上篇开局，作既令人向往又令人信服的承诺；中篇展开，呈示百宝箱，但不忘以一串明珠作镇箱之宝；下篇收束，历数自己的贡献，既呼应开篇的承诺，也兑现千金诺言。

本讲引用和转述的麻省理工学院温斯顿教授的话，均出自他的著名讲座《怎样说话》（*How to Speak*）。这个讲座是上佳的艺术品，精心巧妙的布局、滴水不漏的准备、天衣无缝的剪裁、自然而然的展示，令人叹为观止。斯人已逝，遗著《说清楚写明白：令人信服与传递信息的艺术》（*Make It Clear: Speak and Write to Persuade and Inform*）是宝藏，可惜尚无合格译本。讲座是宝藏的集萃，值得反复细看，一增长知识，二体会智慧，三学习艺术。

最后做点说明。温斯顿教授的话，像一道道凌空抽下的鞭子，每一道都击中我的弱点。有些弱点，至今仍未完全克服；有些弱点，最近才清楚意识到；还有些弱点，早就意识到了，但限于天资与后天条件，无法完全克服。摘译解说，一为自我激励，二与学友共勉。

第十四讲
学会适度推销自己

继承发扬孔夫子的自我推销精神

李零先生说，《论语》中的孔夫子，是个有真情实感的人，有时简直坦率得可亲可爱。比如，《子罕》记录了下面这段对话。子贡曰："有美玉于斯，韫椟而藏诸？求善贾而沽诸？"子曰："沽之哉！沽之哉！我待贾者也。"这里的夫子心直口快，毫无矫揉造作，固然是因为面对器重的弟子，也能看出他深思熟虑，成竹在胸，所以一问即答，毫不犹豫。

孔夫子一生都在努力推销自己。前半生周游列国，上门对今人推销；后半生修史课徒，对后人推销。夫子当年周游列国，可不是我们今天想象的旅游。车在土路上颠簸，车中的夫子也许闭目，但难得养神。驿馆条件再好，也不如自家舒服，大概不能怡然自得地读书抚琴。无论是奔波在路上，还是苦候在驿馆中，夫子一定是在认真备考：明天若能见王，他会问什么问题？我怎样回答？夫子当年的情景，与学人今天的面试相同。应聘的，无论是新科博士，还是资深学者，思考的问题无非是：怎样把得到报价的概率最大化？孔夫子主动推销自己，屡败屡战。年龄大了，终于不堪奔波劳碌，才不得不收心，回故国开馆课徒。

谈古就是说今。学术生涯的优点是自主程度较高。不过，凡事有两面，自主的另一面是必须自力更生。谋生存靠自己，求发展也靠自己。在学术界谋发展，类似有志的读书人谋求治国安邦平天下的机会：谋事靠自己，成事靠他人。谋事靠自己，道理不言而喻。但是，不言而喻的道理，也是最难明白的道理，更是最难奉行的道理。谋生存，必须发表论文：不发表，就出局。求发展，除了继续发表，还需要谋取"外校聘书"（outside offer），为此必须推销自己。学问有了实质进步，不能等伯乐，须让市场给自己重新估价。申请终身教职，先拿"外校聘书"；想加薪，先拿"外校聘书"。大学管理者也许不乏识人的眼光，但往往缺少真实的人才需求。他们的真实需求是成功的学术管理生涯。学术会议是学术界的集市，国际会议是国际博览会。不论是否谋定生存，学者要参加大型国际会议：不开会，也出局。谋求"影响"的学者，还必须在各种媒体创造知名度，除了学校的网页，还有个人网页、自媒体平台。

欧美有较久的市场经济传统，市场精神统领学术界。学者未必勤于生产，但要勇于推销。相比之下，不少中国学者还难以完全摆脱文人传统，多少有点文人的矜持。矜持，其实就是虚荣和架子。勤于写作，但不努力推销，貌似不屑，实则不敢，甚至是不能。貌似不屑，是因为端了"君子不言利"的架子；实则不敢，是因为中了"君子不言利"的圈套；不能，则往往是心理的无能，不是欠缺智力和社交能力。心理的无能，有不可改变的气质原因，也有可以改变的认知原因。

　　导致心理无能的认知误区是自负。因为自负，就不易面对这样一个现实：学者的产品是商品，学者是学术人力市场上的商品。所以，必须学会适度推销自己。不过度推销，很重要；不贱卖，更重要。机会就是机会，固然不能投机钻营，但也不能视若无睹，轻易放过。在教育家心中，教授是办好教育的根本，大师的价值高于大楼。但是，一般来说，在大学管理者眼中，教授不过是人力资源，名教授的价值也不过是学校排名的分值或权重。

绝大多数学者不过是大学的人力资源

　　适度推销，需要实事求是。实事求是，就不难认清一个现实：绝大多数学者不过是大学的人力资源。因此，学者必须格外留意工作安全。在市场经济社会中，有工作，意味着应有尽有：衣食住行、医疗养老、靠经济独立支撑的个人尊严，都有基本保障。没有工作，基本上意味着一无所有。

工作安全，对学者来说具有特殊的重要性。学术生涯是特殊的职业生涯，工作岗位基本在大学。作为一种工作，学者的工作岗位有个特点，既是巨大优点，也是巨大缺点。学者的谋生手段高度专业化，这意味着工作市场很小，能选择的工作岗位很少。一个大学教职，数十成百人申请是常态。应对这个基本现实，各国的大学设计了不同的制度，衡量制度优劣也有不同的标准。对学者个人来说，若力所能及，可以选择制度，良禽择木而栖。若没有选择制度的实力，就不要比较制度，否则心中会产生种种不平，有百害无一利。个人不能改变制度，只能通过改变自己适应制度。

改变自己，要自觉地不断提高竞争力，学术研究首先是谋生手段或职业，其次是事业或个人生涯，最后是个人的使命。三者都不可缺少。不需要独立谋生的"某"二代，不必考虑三者的次序，非"某"二代则千万不要颠倒这个次序。在学术界谋生存，离不开"数"和"词"。"数"是广义的计量方法，包括统计分析、机器学习、深度学习；"词"是写作，特别是用英语写作学术论文。在这两方面下功夫，功不唐捐。

下功夫提高自己的同时，要自觉地抑制自负。自负，就容易过分高估自己那点学术成果的价值。诡异的是，自负也会令人对评价者的眼光和心胸产生不切实际的幻想。其实，评价者自有正当的利益，面临制度的约束。自负的人对评价者抱幻想，错不在幻想的对象。

不要以为衡量学术成果价值的标准是客观的，这样就不会幻想大学管理者既有能力也有诚意准确估计学者的价值，也就不会迷信公平原则能自行落实。一言以蔽之，不要奢望伯乐相马的传奇在自己身上变成现实。伯乐相马的传奇，来自韩愈的《马说》："千里马常有，而伯乐不常有。"韩昌黎或许不是故意误导，但他没说明最重要的真相：千里马常有，伯乐其实也常有，不常有的是秦穆公。若无既有真需求又有实权真金的秦穆公，千里马没价值，伯乐也没价值。即使仍有一技之长，即使仍在发明独门绝技，也要清醒地意识到：学术是社会的珍品。珍品的市场规模与社会规模成正比，大国方需重器。珍品的价值，与有鉴赏力也有购买力的买家数量成正比，后者稀缺。

申请工作是合理的机会成本

面对营利的机会，经济人要做选择，选择 A 意味着放弃 B，放弃意味着损失，因为选择而产生的损失就是机会成本。机会是一种资源。机会出现了，不利用可能错失良机，利用要付出代价。没有工作，找工作是绝对命令，谈不上机会成本问题。

已经有工作，才可能遇到机会成本问题。看招聘广告，绝大多数一扫而过：要么自己不具备相关资格，要么待遇还不如目前。这样的广告不会产生机会成本。不过，也会看到这样的广告，自己似乎具备相关资格，待遇也比目前好。显然，机会出现了，是个资源。问题是，看到这样的广告，要不要申请？不申请，可能错失良机；申请，要付出时间和精力，准备很多材料。时间精力是有限的，花在准备申请材料上，就不能用在研究和写作上。付出成本，换来的只是赢得收益的概率。这概率往往是百分之一。

学术机构若有适当的制度，可以帮助学者少陷入这个两难困境。是否有这样的制度，是衡量管理水平的一个标准。但是，作为人力资源队伍的一员，学者不能奢望遇到合理的人事管理制度。也就是说，不能奢望摆脱这个两难困境。这也是学术界的现实。

申请课题费是合理的机会成本

发表论文是卖成果，申请经费是卖设计。不论所在的学科是否带"科学"二字，学者都要申请研究经费。是否应该如此，可以讨论。但是，无钱无权，空谈应然，不仅无济于事，还影响心情，最好还是面对现实。

现实是：申请研究经费是学术生涯的有机组成部分。需要经费，固然要申请；不需要经费，也必须申请。课题费的金额是标价，首先标志课题的价格，其次标志学者的身价。

申请研究经费，就要写课题申请书。写课题申请书既不同于写研究论文，也不同于推销自己的学术成果，有两个独特的难点。一个难点是，课题尚未完成，就要论证它有重要价值。如果不充分了解市场，就相当于画了一张饼，但不知道谁饥肠辘辘。另一个难点是，申请人尚未完成课题，但要论证自己是完成课题的最佳人选。对付这两道难题，谁也没有灵丹妙药。网上有些秘诀，也有视频课，专门介绍成功经验。我没看过，存疑。不过我推荐一篇文章，就是第七讲结尾提到的《论写课题书的艺术》。这两位著名学者写的指南，相当于《孙子兵法》，或王积薪的"围棋十诀"。我认真读过多次，由衷信服，觉得有大用。当然了，有多大用，取决于自己的领悟，更取决于写课题书的实践经验。我提不出超越二位大学者的新见解，只说四点观察。

第一，与做博士论文研究一样，申请课题经费，选题最重要。从事社会科学研究，不要指望做出《隆中对》，但最好有经世致用的情怀。学术生涯很寂寞，需要由道义感支撑。有济世情怀，有道德担当，就不会迷失大方向，具备了选题的宏观意识。选题的中观微观意识就是清晰的学科意识。跨学科也是学科，只是更难界定。这一点似乎不言而喻，但不能不提。选题的微观意识最难树立，相当于写三五篇期刊论文的导言，有三五组"大读者"，三五套文献综述，三五个事实内核或数据集。选题在事实、概念、方法、理论、实践方面都重要，意义都长久，课题书又遇到公平的行家，才有望成功。

第二，与做博士论文研究不一样，申请课题经费要设法向陌生人证明自己有潜力完成课题。论文开题，也是证明潜力，但那是向导师证明。导师了解学生，也了解相关研究，不仅能大致判断课题的潜在价值，也能大致估计学生是否能完成课题。但是，评审课题书的是匿名的专家，向他们证明潜力，最有力的证据是已经实现的实力，即已经取得的研究成果。初入学界，研究纪录还比较薄弱，证明潜力时更要准确使用已有的成果。发表的论文还不多，但有值得评审人考虑的博士论文章节。另外，把基本完成的研究成果提炼成让行家眼前一亮的研究假设，也能彰显自己的研究潜力。这样做有风险，运气不好，遇上恃强凌弱的学盗，会被剽窃。不过，在相对健康的学术环境中，风险大体可控，冒这个风险，也能促使自己尽快发表成果。除了成果和半成果，也不妨强调研究资源的比较优势。初步调查结果、已经获得的研究资料、拥有的人脉资源，都能佐证完成课题的潜力。如果已经在学界有一席之地，需要小心说明新课题与旧研究的有机联系。拿捏好分寸，既强调课题新，富有挑战性，又显示自己并非新手，有经验优势。积极准确的文献综述能证明自己掌握学术界动态，证明自己的课题设想领先其他学者（特别是评审专家）半步甚至一步，也能有效证明潜力，让评审人相信课题不会简单重复他人，是积累、推进，甚至是突破。

第三，注意课题细节。做定性研究，不厌其详地设想实地调研，设计访谈提纲。做量化研究，不厌其详地定义变量及其测量，论证测量的有效性和可靠性，清楚设想依变量与自变量之间的关系。描述分析方法不厌其详，彰显方法新颖、具体、可行。研究假设越具体，越能证明分析方法的可操作性。写作也是重要细节，力求清楚明白。评审人是专家，但不一定是同行。可以用术语，但尽量少用自造的词。不过，如果有基本想通但尚未公开发表的新提法甚至新概念，不妨把它们变成课题书的核心，不必等论文正式发表。

第四，忍耐内卷。政府的研究资助机构往往急于求成，恨不得一手给钱，一手收货。为了提高资助的成功率，资助机构提各种过细的要求，设计过细的表格，要求过细的进度表，课题书字数上限高得离奇，相当于一本专著。对此，一是设身处地理解，抑制正当的反感；二是当智力体操认真做，显示自己的创作能力。有些资助机构提倡学术合作，但要求申请人论证合作必要性，说明合作条件，设计合作程序，预想合作效果。这也不难应付，无非是做文章，搞规划，有些琐碎无聊，但只需要点耐心和想象力。做预算要不厌其详，务实严谨，避免容易让人生疑的项目，例如手机；避免笼统含糊的项目，例如杂项开支。论证大项开支，要有理有力有节。每项开支都尽量符合实际，都是必要开支，这样才能证明经费是雪中送炭，不是锦上添花。文献目录也是重要细节，不能缺关键文献，不能缺少页码，重要作者的姓名尤其不能错。

总而言之，课题书是可信的承诺，亦实亦虚，要实得让人放心，也要虚得令人向往。学术界有冷门有热门，不重要，关键是自己能不能入门。有显学，也有不显山不露水的学问，也不重要，关键是自己能不能做出同行认可的学问。课题书值得认真写，拿到经费，多一块铺路石；拿不到，多一篇论文。

开会和做讲座是合理的机会成本

学术界的人都善于阅读，但学术界的常态已经变成"无人阅读"。老派学者的口头禅是：刊物见（see you in journals）；新派学者的口头禅是：会议见（see you at conferences）。写了好文章还不够，还要送货上门，还要打开包装，拆掉装饰，把那颗明珠展示给同行。这是参加学术会议的功能，也是做专题讲座的功能。对推销自己而言，这是合理的机会成本。

还有一种会议，并非必须参加，而且通常无实质意义，但有个功能，就是混个脸熟。我不参加这样的会，不肯付出这种机会成本。不过，我最近明白了，这样做并不聪明，失大于得。很多重要决定，实质上是一人独裁，但独裁者为了分散否决的风险，会一本正经地召集委员会投票。这时，投票的人是看到一个姓名，还是记得一张面孔，就起作用了。

学者需要懂市场的诤友

学术性格具有二重性，一面必须高度自信，否则无法突破极限；另一面必须高度自疑，否则无法严格验证自己是否确实突破了极限。两方面缺一不可。学术性格如此，学者内心难免不断处于冷热交替中，一会儿自信满满，觉得自己站在学术巅峰；一会儿满腹狐疑，觉得同事同行都比自己高明。对学者而言，全部脑力，全副精神，甚至全部情感，都投入学术研究中还嫌不够。由于内心不可避免地在交战，往往无余力应付外界环境的压力和变化。正因如此，没有工作安全，天才学者也难取得伟大成就，中人之材当然只能就下。

就工作安全而言，专注的学者与精明的大学管理者往往有难以调和的矛盾。显而易见，矛盾双方总是各有道理，并非对错分明。不显而易见的是个奇怪的错位。学者越优秀，往往越敏感，因而也就越缺少安全感，因此也就越看重工作安全。在没有刚性制度保障的环境中，没有风吹草动，优秀学者也难免疑神疑鬼；一有风吹草动，必然另谋出路。一般来说，精明的大学管理者曾经是优秀的学者，至少是合格的学者。但是，一旦在行政岗位谋其政，就会瞬间放弃学术性格，至少表面上似乎不再能体谅学者的心态，仿佛既不理解优秀学者特有的不自信，也不理解优秀学者对风险的特殊警惕。于是，错位就会发生。精明的大学管理者可能诚心诚意地劝优秀学者不要庸人自扰，甚至可能开诚布公地做出种种承诺，极言制度的不确定性只针对不优秀的人才，不针对优秀人才。可惜，这样说没用。在优秀学者看来，优秀不优秀，存乎大学管理者一念之间。优秀学者可能表现得不通世事，但那只是现象。能把学问做好的人，没有笨的，他们对世界的理解可能比较天真，但他们绝对不傻。

没有制度保障的承诺是不可靠的，学者越优秀，越应该懂得这一点，更应该承认和牢记这一点。不言而喻，由于天性和后天教育，有些学者的确比较天真，在一段时期可能真的不懂这一点，至少懂得不够。这时，他们的家人和友人应该及时提醒。天真的学者自己要警醒，不要以自负为自信，更不要因为自负而对大学的管理者抱过高期望。现代社会的各行各业都高度市场化，学术界并不例外。酒香不怕巷子深，过时了；酒香也怕巷子深，是现实；酒香更怕巷子深，是觉悟。在行家看来，深藏若虚；在人家看来，若虚即虚。

浅议面试的自我介绍

申请工作，有机会参加面试，相当于行百里走了九十里。一则欣喜：证明自己有竞争力；二则忧惧：行百里者半九十。

准备面试，不妨先看看麻省理工学院温斯顿教授的著名演讲，第十三讲做过介绍。

网上有无数面试培训视频，良莠不齐。我看过一些，觉得 Don Georgevich 的比较简明实用。印象深刻的是两点建议，一是认真准备自我介绍，让主考官有深入了解自己的兴趣和抓手；二是想好最后一个问题，表现出对这份工作的热情。

今天只谈怎样准备自我介绍。

照通例，面试的第一个问题是让申请者作自我介绍。这个问题太抽象，很不友好，但很重要。答得好，能制造良好的第一印象，先入为主。如果一开始就"不契"，后面很难弥合。面试时间太短，面试官太忙，候选人太多。

准备自我介绍的要点是说清楚自己能给雇主贡献什么。现有成果的价值，半成品的出品概率，中长期研究计划的含金量，既没有客观标准，也没有制度化的标准，衡量标尺存在于主考官的判断和偏好之间。主考官的判断与偏好有制度约束，即招聘单位的发展议程；也有个人得失的盘算，即业绩压力和生涯雄心。下点功夫，花点时间，了解制度要素，揣测个人计算，有助于估计自己的价值，也有助于恰当呈示自己的价值。

落成文字的都是抽象的道理。培训也只能讲道理，哪怕是案例分析，也得用抽象语言表述。懂得道理十分重要，至关重要是把抽象的道理化为自己独特作法。这就像踢足球，临门一脚的功夫无法培训，靠直觉，靠自己练习和体会。准备面试，知根知底的师友能帮点忙，但只是把道理的抽象度降低一两个层级，如此而已。

第十五讲

学术生涯的基调是焦虑

现代社会的特点是焦虑，所有的职业生涯都制造焦虑。弗洛姆说过，现代社会与传统社会不同，根本区别是每个人都丧失了自主。在农耕社会，从耕种到收割，农民几乎事事亲力亲为，高度自主。现代社会，每个人只能控制职业生涯的一点点，每个人都是流水线上的一个环节，每个人都变得无足轻重。当总经理的，今天辞职，新经理第二天就上班；当员工的，随走随补，更不在话下。为了避免生存危机，必须保持危机意识。如果没有培养出足够的自信，就会缺乏安全感。

学术界不是世外桃源，学者免不了生涯焦虑。学术界职场小，门路窄，竞争激烈，生涯焦虑也另类。优哉游哉，早晚会出局；年轻人被动出局，中年人主动出局。一个教授辞职或离职，动辄数百人申请顶替。学校未必能找到优秀的替补，但随时可以招到合格的替补。只求有房有车、衣食无忧，可以当学者，但不必当学者；求出名谋发达，想当人上人，最好不要当学者。谋生存求腾达的方式很多，经商、文娱、从政，都比治学路子宽，场面大。生来既有钱又有闲，有当学者的外在硬件，但未必有当学者的内在硬件：足够聪明的大脑。内外硬件都具备，未必有当学者的软件：志向与毅力。有钱有闲有才有志，如叔本华和施宾格勒，可以当独立学者，不以学术为谋生手段，只以学术生涯为生活方式，最令人向往。既非富二代，亦非官二代，只会读书，别无专长，只能以学术谋生，就要做好管理生涯焦虑的准备。

焦虑

焦虑本是存在主义哲学的术语，德文是 Angst，集英文的 fear（恐惧）与 anxiety（焦虑）于一体，也可以译为"惶恐"。焦虑或惶恐不同于恐惧或畏惧。恐惧或畏惧有具体的对象，比如"怕狗""怕蛇"。焦虑或惶恐没有具体的对象，令人感到惶恐的东西可能有名，但无法坐实，比如"生死事大"、"死亡焦虑"或"面对死亡与虚无的惶恐"。有的无以名之，然而真真切切。惶恐，很像梦魇，然而是在意识清醒时。

焦虑表现为精神过度紧张。自然状态不紧张，然而，人在自然状态下没有创造力。身体完全放松，是"葛优躺"；大脑完全放松，是意识流、白日梦。要有所创造，就要达到自己能力的极限，还要突破能力的极限；达到极限，突破极限，必须高度紧张。体力劳动、竞技运动，大脑小脑与身体高度紧张；脑力劳动、思考创作，大脑高度紧张。身体紧张，如果一时累垮但能完全恢复，是一种自我保护，是不幸中的万幸。可怕的是积劳成疾，自我保护失灵，造成永久伤害。大脑的紧张，与身体的紧张不同，就是积劳的时间更长，成疾的后果更重。一紧张，就难免过度，变成焦虑，可以说，紧张与焦虑是孪生兄弟。到达极限，要紧张；突破极限，更要紧张。关键是有张有弛，张弛有度。一味紧张，过了度，就变成了焦虑。一焦虑，就睡不好，睡不好，身体和精神就会垮。干脆的垮是崩溃，常见的是慢性垮。人的身体和精神都像弹簧，适度紧张，能产生创造力，紧张过度，弹簧被拉直了，甚至拉断了，也就废了。

谋生不易，一直要努力，年轻力壮时更必须努力，不能不紧张。这意味着焦虑无法根除，只能管理。管理焦虑，就是让大脑处于能激发创造的张力状态，高度紧张，但不过度紧张。有创造力，无破坏性，更没有毁灭性。

焦虑的主要症状是下假功夫

焦虑的主要症状是下假功夫。启功先生举过一个下假功夫的例子：“我有一个老同学，每天要临几页《张迁碑》。他写的字用绳子捆了在屋角摞起来，跟书架子一般高，两大摞，临的都是《张迁碑》。我把上头的拿下来看，是最近临的，我越往下翻越比上头的好，越新的越坏，因为他已经厌倦了，这样写只是为给自己交差事，并不是去研究这个碑书法的高低，笔法，结体，与这些毫不相干了。”

启功先生说：“工夫”是“准确的重复”。老老实实练过书法的，都知道准确的重复有多难。“启功先生的老同学”在书法界是普遍现象，在学术界也是普遍现象。学外语，不反复细听，不用心背诵，不动手翻译，只背单词；天天去办公室，泡图书馆，但不是图安静，保效率，而是为了让别人看见自己用功；热衷买书而疏于阅读；下载论文却倦于浏览；热衷收集数据但懒于分析；挖掘数据但不肯深思；深入“田野”但疏于反刍；起草文章却厌倦修改；热衷开会但不发表论文——都是下假功夫。

真功夫是用心深读数据，反复咀嚼，吃透数据库，反复琢磨见闻，反复修改文字。真功夫是用心写作，每天写才可能磨炼出有价值的想法和说法。写作不是一挥而就，不是先构思后动笔，是反复修改，改到腻烦。三心二意地挖掘数据不是研究，泛读文献不是研究，漫无边际地胡思乱想不是研究，这些活动不是全无用处，但是轻松愉快，顶多算半真半假的功夫。真功夫是磨砺自己，不断走出舒适区，不断突破自己的极限。只求准确不是下真功夫，仅仅重复也不是下真功夫。下功夫不难，下真功夫很难，力求准确的重复令人厌倦，厌倦来自自负与虚荣。

焦虑的终极根源是创新艰难

学术研究的生命是创新。写论文不难，创新难；琐屑的创新不难，重大创新难。一篇文章是否有独创点，作者说了不算，刊物主编说了不算，匿名审稿的同行专家一致同意才算。这是区分学术刊物与非学术刊物的唯一标准。

各行各业都难。困难，未克服时，制造苦闷；克服了困难，才有成就感。苦闷的强度大，持续时间长；成就感的强度也许能赶上苦闷，但持续时间要短很多倍。幸好大脑轻感受重记忆，一个事件，一个过程，一段历史，只要有光明的结尾，痛苦的过程很快就会在记忆中消失。

学术生涯有两个特殊难处。第一，多数职业，培训时很辛苦。一旦培训结束，成功入职，点滴积累的能力不难保持和巩固，也不难慢慢提高。职业生涯，虽然要劳力劳心，但基本上可以吃老本，不必反复培训，不断学习新技能。然而，学术生涯不能吃老本，不进则退。第二，多数职业，结束培训，进入常规，日复一日，年复一年，基本上风平浪静。没有大起大落，因而没有失败的痛苦和成功的喜悦，可能会感到少许无聊，但不至于经历众多挫折。学术生涯则不然，无法逃避跌宕起伏周而复始的一个个极限运动过程。

焦虑的另一个根源是难以听到同行的正面评价，更难听到发自内心的赞扬。广义的学术界可以一分为二。自然科学包括数学更像竞技体育，虽然也有各种欺诈，但评价标准客观，否则就不可能揭露欺诈。社会科学、人文科学更像表演类体育运动，比如体操、跳水、花样游泳、花样滑冰。艺术类竞技运动更接近艺术，而艺术评价历来莫衷一是，裁判很像艺术批评家，鱼龙混杂，伯乐是少数，多数属于两类：一是德不配位的半行家，二是投机钻营的术士，很像执意把奥运会跳水金牌送给洛加尼斯的裁判。社会科学的研究成果靠其他学者承认，有两大问题。第一，承认与否，取决于标准，但没有客观标准。第二，学者的通病是自高自大，吝惜承认他人，极少有人心悦诚服地承认别人比自己强。对待同行的稿件，评审人即使有共鸣，也更侧重诘难。文章发表了，引用者即使得到启发，也更强调自己独辟蹊径。

焦虑的直接原因是内外压力

生活最好没有危机，但人生不能没有危机感。学者需要有足够的生存危机意识。真正的自由来自内化的压力。压力是人生的本质属性。各行各业都有压力，也各有特点。为了避免被压垮，就要适应本行业的压力，也就需要摸透本行业压力的脾气，进而在适应压力的实践中摸索出应对压力的办法。压力有两种。一种是物理的，例如负重、挑担时感受的力。另一种是心理的，例如考试、面试时感受的力。物理压力能破坏，例如大雪压垮屋顶；也能促进创造，例如高压（加高温）把石墨变成钻石。同样，心理压力能破坏，例如压力导致抑郁；也能促进创造，例如曹植七步成诗。

学术界的压力有特点。在比较合理的学术制度下，刚开始谋生存，压力的物理属性与心理属性的比例大致相当。不发表，就出局，是心理压力，也是物理压力。两种压力可能形成创造的合力，可能互相干扰，也可能形成破坏的合力。究竟如何，取决于个人。这个阶段，过程高度不确定，结果高度不确定。说是赌博也行，说是冒险也行。

没有物理安全保障的心理压力，并不必然具有破坏性，也能转化为创造的动力。求安全是巨大的创造动力。求安全有两类。制度提供安全保障，因为自己实力不足没有保障，在原地求安全；制度不提供安全保障，求安全就是求迁移。谋定生存后，压力的物理属性基本消失，心理属性主导。物理压力的消失提供了安全保障。安全有保障时，心理压力的功能取决于自尊和自律。自尊自律不足，心理压力会因为失去了物理压力的陪伴而失效；自尊自律强大，心理压力能更有效地转化为创造的动力；自尊自律过强，心理压力会因为失去了物理压力的陪衬更有效地转化为破坏力。

在比较合理的大学管理制度下，一旦获得终身教职或实任，就有了安全保障。有些教授得到安全保障后，自觉不自觉地选择了放弃。但是，更多的人已经习惯了压力，无法适应轻飘飘的日子。压力就变成了创造的动力，甚至成为人生的安慰和乐趣。有保障的心理压力促进创造。对学者来说，学术自由既不是天赋的，也不是制度保障的，是赢得的特权，是艰苦奋斗逐步建立的信用。我羡慕成功的学者享有的自由，但更佩服他们付出巨大努力赢得自由，敬仰他们面对自由的忐忑不安。

学术界的进化、退化与内卷

在莫名力量推动下，"内卷化"变成"内卷"，"内卷"大流行。"内卷化"是术语，变成流行词，对术语来说是灾难。流行的代价是失去身份。100 个人说"内卷",表达的可能是 100 个不同的意思。所以,先界定词义。

"内卷化"是英语词 involution 的汉译。Involution 与 evolution 对立。把 evolution 译为"进化",就该把 involution 译为"退化"。译为"内卷化",大约是想传达一层深意,就是,有些变化貌似进化,实则退化,似进实退。似进实退直白,但术语不能直白。

进化、退化、内卷是普遍现象,也存在于学术界,存在于学者的个人生涯中。但是,使用这些概念,必须小心辨清事实,不能拿概念当标签,遇到自己喜欢的,就贴个好标签;遇到不喜欢的,就贴个差标签。

博士生写论文,多数做专题,而且是不大的专题。在习惯宏大叙事的论者看来,是博士不博。不过,博士不博是进化,不是内卷,是科学研究分工细化的必然结果。任何一门学问的任何一个分支,都已经远远超过了个人的能力。好在科学的发展正如产业的发展,依靠的是分工。在学术界生存,只需要在一个重要问题上知道得比其他学者多一点,学术界对学者的要求是"关于越来越少的东西知道得越来越多"(know more and more about less and less)。即使天分极高,治学行有余力,也需要约束自己。天才放纵自己,就无法取得尽全力应该能够取得的成就。天才不用功,或者不能人尽其才,是最可怕的暴殄天物。

博士论文越来越长，文献综述越来越准，材料越来越丰富，分析方法越来越精致，是进化。但是，如果选题越来越平庸，思想越来越苍白，观点越来越琐碎，是退化。二者结合，是内卷。同样，发表在学术期刊上的论文，数据类型越来越丰富，数据量越来越大，分析技术越来越精致，是进化。但是，如果论点越来越琐碎，结论越来越像同义反复，是退化。发表的刊物等级越来越高，论点离现实越来越远，是内卷。

发表越来越难，是进化，不是退化，也不是内卷。谷歌学术减轻了综述文献的难度，提高了学者的研究效率，高效率意味着高产出；文章的数量增长快，刊物的数量增长慢，发表变难了。需要用英语写论文的学者增加得快，稿件数量相应增加得快，刊物的数量增长慢，发表的竞争激烈了，发表自然就变难了。例如，在中国研究领域的英文期刊发表论文，比 5 年前难了一些，比 10 年前难了不少，比 25 年前难了很多。趋势是越来越难。同一个刊物，10 年前宣布采稿率 10%，现在宣布采稿率 5%。另一个刊物，原来不限制投稿，现在限制了；原来评审较快，现在放慢了；原来没有主编直接拒稿，现在有了。但这是竞争，是进化，不是退化，也不是内卷。

有点资历的学者觉得自己发表越来越难，那是他们自己退化，不是学术界内卷。有这种感觉，意味着研究能力变弱了。脑力如体力，变化曲线是倒 U 型。叔本华认为 36 岁是鼎盛年，此后脑力体力与年俱减。"扫地僧"云云，小说家言而已，年轻人可以拿来当笑谈，中年以上的人千万不能当真。少读多写，述而不作不足以谋生存，没有几所大学愿意聘请学术鉴赏家。即使研究能力没变弱，只要不增强，而其他学者能力在变强，也会觉得发表越来越难。借用马克思的话，学者落伍，既是"绝对贫困化"，也是"相对贫困化"。

毋庸置疑，退化和内卷都存在。随着学科的精细化和大学的市场化与官场化，大学管理者越来越多地变成了仿佛只会数数的管理者，即所谓"数豆子者"。非升即走的核心制度是所谓外审，但这个外审与刊物的匿名审稿有本质区别。资深学者深知事关他人生计，审稿时通常是从宽而不是从严。只有极少数自我恶性膨胀或有私人恩怨的外审会从严把关，满足他们的阴暗心理需求。所以，为了在学术界谋生存，助理教授采用数量策略无可厚非，至少是个合理的赌博。但是，一旦进入求发展阶段，就要服从新规则，这就是品牌意识。写一百篇二流论文，也仍然只是二流学者；做一百项衍生课题，也仍然没有独创的研究。这是内卷。

追求发表数量，以量化指标包装论文的质量，给自己埋雷，是退化。给自己埋雷，有三个假定，一个比一个危险。一是假定外审没有时间兴趣较真，这往往不成立；二是假定外审没有判断能力，这一般不成立；三是假定外审没有批判眼光，这不成立。举两个例子。其一，为了求发表数量，拉一个外行当"共同作者"，就是给自己埋雷。一旦这颗雷被引爆，连自己辛辛苦苦做的真研究也会被质疑是造假。从另一个角度看，有权力挂名的学者应该自重。欧博文老师常说，他最欣赏有权力而不用的人。其二，为了炫耀自己论文的质量，不加分析地炫耀期刊的影响因子也是埋雷。比如，如果某刊物年度影响因子是 10，自己有幸在那里发了文章，5 年后只有 10 个他引（自引不算数），那就最好不要炫耀该刊物的影响因子，否则就是自曝其短。

总而言之，在学术界谋生存不易，求发展更难。谋定生存后，会面对不同的生存环境和职业期待，需要及时调整选题和研究策略。这时，要特别警惕自视过高。自视过高，自然言过其实，再进一步就是捞取功名的手伸得过长。

管理焦虑的关键是破除四大迷信

管理焦虑，先得分析焦虑的根源。学术生涯的焦虑，外在根源是明摆着的，也是个人无法改变的，面对现实即可，不必费心琢磨，越琢磨越焦虑。需要用心分析的是内在根源，内在根源在自身内，有管理空间。根据我的经历与见闻，学术生涯的焦虑有四个内在根源，可以称为"四大迷信"。

一、迷信自我

表面看来，焦虑是自我怀疑，不自信才会焦虑，其实不然。焦虑是因为迷信自己，迷信自己就急于求成，过高估计自己的才能，没把自己的位置摆正。自我迷信也表现为完美主义、自我神化，自负能做出完美的研究成果，一劳永逸地解决前人多年解决不了的问题。捞不到水中月，摘不到镜中花，就自我怀疑，自我怀疑导致过度紧张，焦虑导致自我放弃。管理自我迷信，就是掌握平衡，既要自信，下真功夫，追求完美；又要有自知之明，不堕入完美主义陷阱，不迷信自己能达到完美。

二、迷信名人

迷信名人，急于成名成家。迷信名人是表象，迷信自己是实质。自己想当名人，自然就把心中的名人神圣化，否则不会有这么大的兴趣成名成家。迷信名人，想取而代之，于是有兴趣屠龙。屠不动，就焦虑；遭到反击，更加焦虑。学术界有大大小小的水泡。不知道水泡底细，焦虑；知道底细不敢捅破，焦虑。其实，不必焦虑，犯不上屠龙，也犯不上打假。

钱锺书先生说："一个人的名声经常是误解加上讹传的总和。"名学者多少有点真本事，屠不动很正常。不过，在学术界，名声与本事的大小并不一一对应，影响名声大小的重要因素是主动或被动的吹嘘。有些人并非天才，然而乐于以天才自居，不承认自己学得辛苦，热衷自我吹嘘。做戏太久，入戏太深，忘了自己是演员。见到这样的人，只当看戏。无论多小的学界，对个人来说也是海阔天空，大路朝天，各走一边，狭路相逢的概率很小。

不要急于成名。成名不易，急于成名必然导致焦虑。正如韩愈说的："内不足者，急于人知。"学术界"急于人知"的都是"内不足者"。迷信名人是青年人的专利，急于人知是青年学者的常见病。在自然科学领域，在数学领域，在文学领域，成名与年龄不矛盾，少年成名是正常的。但是，在哲学领域，在社会科学领域，成名成家不是青年人应该享有的东西。年轻，本身就很美好，不要奢望锦上添花。成名成家需要资本，社会科学研究成果的特点是需要时间检验。从事学术活动可以丰富自己的内心，丰富自己内心就是巨大收获。

当学者是现代社会中最接近马克思理想的工作，一生一世，唯一的工作就是充分发挥自己的才能，发挥创造力。实现了个人的价值，也就实现了自己的社会价值。从这个角度来看，年轻学者没有必要着急成名成家。多追求自己的个人实现，少追求需要别人肯定的成就感，这样有利于有效管理生涯焦虑。

三、迷信方法

学术界有方法论崇拜。懂点定量分析，就认为定量方法是唯一科学的方法；懂点扎根理论，就认为扎根方法是唯一科学的方法；懂点大数据机器学习，就张口闭口大数据机器学习。正如钱锺书先生揶揄的："不仅欲以显微镜、望远镜佐近视眼之目力，而径以显微镜、望远镜能使瞎眼者见物。"

学生、学者、方法论家，一旦正襟危坐讲方法，就难免流于夸夸其谈，制造方法迷信，从而制造个人迷信。网络上泛滥的"学习方法""读书方法""研究方法""作文方法"，言之有理，全无用处。

方法无疑重要，但方法有如鱼饮水冷暖自知的一面。方法属于个人，琢磨方法，唯一的途径是在实践中把自己一分为二，一个下功夫做研究，另一个观察琢磨怎样做研究。当然，这个过程也是个向他人学习的过程。方法论是专门的学问，如数学、统计、逻辑、哲学。方法论家得出的研究成果，是学者可以使用的工具和技术。技术可以教，可以学，方法论课讲的其实只是技术。作为思维方式的方法，课堂可以谈，但不是教；学生可以学，但实际上是自己悟。学方法如参禅，离不开语言，但言不尽意，需要自己领悟。迷信方法，学方法穷根究底，以为掌握了方法就得到了点石成金的秘诀，就容易焦虑。

管理方法焦虑的方法是采取用户视角。方法归根结底是个工具，用户面对工具，要郑重其事。对待一把菜刀，用它切菜、切肉，得郑重其事，否则就会切手指。但是，郑重其事不是迷信，不要迷信这把菜刀。需要用，但不需要明白怎样磨菜刀、怎样做菜刀。方法好比一辆汽车，十分复杂，开车代步，会开就行，不要操心修车、造车。这样对待方法，就可以减少很多焦虑。

在我心目中，学术界有两部圣经，一部是季羡林先生的《留德十年》，另一部是《启功给你讲书法》。季先生是语言天才，学梵语"读得结结巴巴，译得莫名其妙，急得头上冒汗，心中发火"。启功先生说："要学就有四个字：'破除迷信'。别把那些个玄妙的、神奇的、造谣的、胡说八道的、捏造的、故神其说的话拿来当作教条、当作圣人的指导。"启先生谈笑中撕下"书法理论家"康有为、包世臣的假面；打碎"用笔说""回腕说"，真是"谈笑间，樯橹灰飞烟灭"。

四、迷信勤奋

迷信勤奋，误以为短期拼命是勤奋，奢望勤能补拙。爱迪生有句名言：天才是百分之一的灵感，百分之九十九的汗水。这句话常被曲解，仿佛爱迪生相信勤能补拙。爱迪生首先肯定自己是天才，有百分之一的灵感，其次强调天才必须努力，否则天赋只是潜能，不会变为现实。不要误读他，他的本意十分明确：关键是那百分之一的灵感。不是天才，不要奢望借助努力把自己变成天才。

华罗庚先生是百年一见的数学天才，自学成才，幸运地被熊庆来先生发现。他有两句诗："勤能补拙是良训，一分辛苦一分才。"华先生说的想必是真心话，然而那是天才自述，非天才不要代入角色。诗毕竟是诗，不是写实，写实也是写他个人的实，而他是天才。

对非天才而言，勤不能补拙，一分辛苦不等于一分才，否则人人都可以凭借辛苦追求跟姚明比赛打篮球了。辛苦无法转换成天分。华先生的用意是激励天才努力，不是鼓励非天才以天才自居，也不是主张靠努力能变成天才。天才必须努力，但努力不能造就天才。

关于勤奋与天赋的关系，务实的季羡林先生说："我在这里只谈成功，特别是成功之道。积七八十年之经验，我得到了下面这个公式：天资＋勤奋＋机遇＝成功。"季先生谈的是加法，总和是一百，三个要素，缺一不可。关键是三个要素不能彼此替代，也不能互相转化。天资是与生俱有的潜能。有天资，不勤奋，无机会，不会成功；无天资，既勤奋，也有机会，还是无法成功；有天资，也勤奋，无机会，还是不能成功。拙笨不制造焦虑，相信勤能补拙会制造焦虑。接受先天差别，接受后天无法改变先天，不妄想逆天，就不会感到无能为力，也就不会焦虑。

减轻焦虑的途径是树立自信

社会科学学者很难活出自信，很难活出"有底气"的感觉，普遍有"假冒者综合症"。症状是，虽然周围的人认为自己有学术成就，甚至认为自己是学术界的成功者，但自己总觉得有各种各样无法克服的缺点和不足，因而不觉得自己有成就，更无法体会成功的喜悦，从而产生深深的不安。此病波及面很广，甚至有卓越成就的学者也不能幸免。比如，因为没得诺贝尔经济学奖而自尽的哈佛大学教授维茨曼（Martin Weitzman），可能就是这种心理疾病的受害者。诡异之处在于：患病的往往不是假冒者，真正的假冒者有免疫力。

学术生涯，压力大，很容易产生挫折感。单项强，有挫折感；全面强，也有挫折感。保护心理健康，需要管理挫折感。最有效的管理方法是培养自知之明，认识自己的强项，承认和接受自己的弱点。学术界高手如林，竞争激烈，压力巨大，自知之明是谋生存的关键本领，强弱意识是求发展的制胜之道。有足够的自知之明，遇到不可避免的挫折，还是会产生挫折感，但挫折感不会强到具有破坏性，更不会具有毁灭性。每天在最佳时间下真功，做研究，写论文，可以有效管理焦虑。

要管理生涯焦虑，就要破除四大迷信。不以天才自居；正视自己，真心相信自己是中人之材，至多是中上之材。承认学术生涯的常态。只相信实力，只下真功夫，不玩花拳绣腿，不自欺欺人。深信自己足够聪明，更信自己没那么聪明。接受自己，相信先天的自己是最好的可能，相信后天努力是为了把最好的可能变成最好的现实，更相信后天努力不可能突破先天的局限。绝大多数人没有能力改变世界，只能提高适应世界的能力。世界不相信潜力，只相信实力，"手里没把米，唤鸡鸡不理"。不要受"青春无悔""君子不器"之类美丽话语的蛊惑，不要相信"后生可畏"之类的催眠安抚。接受自己的努力，就是接受自己，就是接受命运。

学术生涯制造焦虑是现实，不能改变现实，只好提高自己。手上功夫强了，他人不能不表示起码的承认，这是自信的根源，也能缓解焦虑。一定要竭尽全力保证篇篇论文不落空，哪怕改几十稿，哪怕周游十个刊物，总要发表出来，给记忆增添一个亮点，静待自己淡忘挫折与痛苦。

学者的使命与宿命

我们只有一小半活在现实中，一半活在希望中，最高的百分之十活在理想中。没有现实，谁也活不下去；没有希望，活得没意思，没趣味；没有理想，活得没有使命感。学术生涯可以创造使命感，学术生涯是有使命的特权。

学者的使命是什么？就是张载说的："为天地立心，为生民立命，为往圣继绝学，为万世开太平。"张载说的是读书人的理想。理想是高尚的，可以提升生活境界。理想意味着脱俗，脱俗意味着在现实世界中不可企及。年轻人不能不谈理想，但是，谈得太多，理想就变成无聊的俗套，甚至变成美丽的陷阱。把理想挂在嘴边的往往没有理想，参的是口头禅。谈学者的使命，只是说学者应该追求这几个目标，不是说必须达到。自古以来，无数人追求三不朽：立德，立功，立言。追求就是意义所在。张载树立四个目标，为读书人树立理想，立言，不朽。

学者的宿命是焦虑。焦虑是不安，心里不踏实。范仲淹说："居庙堂之高则忧其民，处江湖之远则忧其君。"忧是使命感产生的不安。鲁迅先生在《过客》中描绘了这种不安。过客真切地听到"那前面的声音叫我走", 不是幻听。老翁年轻时听到过呼声: "他也就是叫过几声, 我不理他, 他也就不叫了。" 女孩年幼, 听不到呼唤, 只能看到 "许许多多野百合、野蔷薇"。有志于学, 但感觉不到内心的不安宁, 或者不愿生活在不安中, 也能有不错的学术生涯, 不过可能少了点理想。有理想的学者不把理想挂在嘴边上, 但能活出有根的自信和静气。

然而, 有根的自信和静气只是学术生涯的一个方面, 还有一个同样真实但隐蔽的方面是自疑与焦虑。学者的宿疾是假冒者综合征 (冒充者综合征)。前面说过, 在学术界成功的人也会徘徊在自我怀疑和自信之间。真学者普遍有假冒者综合征, 半瓶子醋学者和伪学者对此病天然免疫, 好在多数真学者会自诊自疗。有自知之明, 知道自己有真学问, 也知道自疑是做出真学问的先决条件, 就知道自己有假冒者综合征, 这是自诊。自疗是调节自己的心理。一个问题, 想了很长时间, 终于想通了, 第一反应是高兴, 过一瞬间就会怀疑自己。如此简单的问题, 为什么我花了这么大功夫、这么长时间才明白? 我是不是太笨呀? 别人懂但自己不懂, 就会觉得那些问题高深莫测。常言道: 难的不会, 会的不难。自己是这样, 他人必是这样。明白这个心理机制, 就能有效地调节心理, 无法根除宿疾, 但能保持心理健康。

挤出那片属于自己的研究空白

做研究要填补空白。问题是：什么是空白？怎样找到空白？怎样填补空白？

人文学科和社会科学的研究空白不是物理意义的空白。一个拼图应该有 100 块，桌面上摆好了 99 块，缺一块，出现一个空白，这是物理意义的空白。找到那一块，或者做出那一块，摆上去，拼图严丝合缝，填补了空白。这是物理意义的填补空白。

数学和自然科学中有物理意义的空白，人文学科和社会科学中没有。以我比较熟悉的政治学和中国研究为例，没有一个学者敢跟你说：研究现状就是这样，前沿就在这里，这些问题就是前沿问题，那个前沿问题的这个侧面已经解决，那个侧面还没有解决。想到一个题目，谷歌学术中找不到相关文献，并不意味着发现了研究空白。实情可能是，很多人曾尝试做这个题目，但做不出东西，或做的文章发表不出来。

研究现状总是灰蒙蒙一片，并非黑白分明。学界总像熙熙攘攘的集市，如果哪个地方是空白，无人问津，一定是特别难缠的地带。以数学为例，20 世纪有希尔伯特问题，都是硬骨头。21 世纪有七个千禧年问题，每个问题悬赏 100 万美元，到目前为止只解决一个。这些问题是给不食人间烟火的超天才预备的。不是超天才，或者是超天才但不能不食人间烟火，不能研究这些问题，否则就是鲁莽的赌博。多年没人能解决的问题，凭什么我能解决？

人文学科和社会科学的研究空白在哪里呢？在领先学者的意识中。准确点说，在诸领先学者隐隐约约的共识中。在正常的学术生态里，领先的学者必定一度领先，可能仍然领先，更可能是眼光仍然领先，研究能力日已过午。他们可能意识到某些问题尚未解决，至少尚未完全解决，会指点自己的学生探索这些比较明显的研究空白。慷慨大度的领先学者也会在文章和会议上鼓励年轻学者探索这些空白。所以，参加正常的学术会议，认真听前沿学者发言，有助于了解研究空白。不过，更多的时候，领先学者只是隐约觉得某些问题尚未解决，至少尚未完全解决。他们头脑中有模糊的疑问，看到了问题的解决，至少是看到解决的希望，模糊的问题才变得清晰，灰色的疑问才变成明确的研究空白。

研究空白是有创新能力的学者在研究过程中建构出来的。发现新现象，观察到新事实，对司空见惯的事实提出新解释，是发现空白的逻辑前提。看现有的文献，发现这个学者说到一点，那个学者说到一点，但是都没说到位，自己能说得更到位，把这些曲曲折折描绘清楚，研究空白就建构出来了。研究空白原来就有，然而是隐含的。有新发现和新观点，才能看清现有研究原本隐含的不足甚至谬误。能建构出研究空白，往往是因为已经有了可以填补空白的新发现。换言之，没有新观察新见解，很难发现空白；建构出空白，就填补了空白。在这个意义上，发现空白的过程就是通过创新的研究填补空白的过程。看别人的论文，找不到漏洞，不意味着文章真的天衣无缝；看出漏洞，往往意味着已经可以填补漏洞。

自信填补了研究空白是一回事，得到学术界承认是另一回事。黑格尔说，赢得他人承认是每个人都必须面对的最大挑战。在学术界赢得其他学者承认尤其困难。数学与自然科学相对纯粹，人文学科与社会科学的事却从来不单纯。领先的学者之领先，是因为他们填补过空白，他们填补空白时，必须赢得当时领先的前辈学者认可。于是，学术界就像高级俱乐部，入会门槛很高，会员资格是荣誉，每个会员都有义务捍卫俱乐部的集体荣誉。正因如此，解决了一个问题，事实上填补了一个空白，只是必要条件，赢得领先学者的承认，才在学术生涯意义上填补了一个空白。

要赢得领先学者的认可，靠坚持不懈地据理力争，发表论文的过程就是与学术刊物主编和匿名评审展开拉锯战的过程，也是挤入学术俱乐部的过程。学术俱乐部就像钱锺书先生在《围城》中描绘的长途汽车："这车厢仿佛沙丁鱼罐，里面的人紧紧的挤得身体都扁了。可是沙丁鱼的骨头，深藏在自己身里，这些乘客的肘骨膝骨都向旁人的身体里硬嵌。罐装的沙丁鱼条条挺直，这些乘客都蜷曲波折，腰跟腿弯成几何学上有名目的角度。"看见了现有研究文献的缝隙，发现了其他学者尚未看见的研究空白，还不够。要在人满为患的学术界挤出属于自己的那点空间，还要有足够强壮也足够灵活的身体，更要有足够强大的自信和足够坚韧的意志。

在《围城》中，方鸿渐与孙小姐两位弱者也挤上了车，大概是靠强悍的赵辛楣开路。在学术界挤车，与强者合作不失为好办法。合作就是接受同伴的启发，借力。学术合作的好处是容易挤出研究空白。我们知识有限，阅读面有限，视野中的障碍多，研究遇到的壁垒多。一个人身单力薄，两个人合作，一加一大于二；三人成群，人多势众。但是，不能一窝蜂打群架，靠乌合之众挤出空白对自己无用，只便宜领头的。乌合之众的合作，不如与 ChatGPT 合作，后者能帮我们打通一些壁垒，拓宽我们的知识面，甚至能在排列组合中展示有启发意义的发明。当然，实现从无到有的创造，还得靠自己的创造力和灵感。

先紧绷，后放松，等灵感

"踏破铁鞋无觅处，得来全不费工夫。"上网检索，才知道出自宋代诗人夏元鼎的《绝句》。我喜欢下句，因为希望得来全不费工夫。其实，重要的是上句，更重要的是上下句的关系。"踏破铁鞋无觅处"，并非必然"得来全不费工夫"。前者只是后者的必要条件，并非充分条件。

学者的工作时间超过百分之九十九是踏破铁鞋无觅处，焦虑不安，苦思冥想，然而想不通，觉得自己不够聪明，不适合做学术，充满挫折感。踏破铁鞋，上下求索，寻寻觅觅，也只是可能产生灵感，没有任何保障，既不知道灵感是否现身，更不知道它什么时候降临。

灵感无法定义，只能用同义词描绘，比如顿悟、开窍、恍然大悟、豁然开朗。有过灵感，懂这些词的意思，也知其所指。没产生过灵感的，懂这些词的意思，但不知其所指。

灵光一闪的开心时刻不足学术生涯的百分之一，然而是稳固的支柱，让学者有毅力忍耐挫折感。有兴趣进学术界，不要预期轻松愉快，也不要认为能轻而易举地产生创新的灵感。为了给自己鼓劲，不妨预期成功，想象荣耀。但是，更重要的是清醒，唯一确定会发生的是挫折感，必须有忍耐挫折感的心理准备。

"踏破铁鞋无觅处"有下句，虽然辛苦，结果皆大欢喜。有上句无下句，危矣殆哉。学术界以各种方式出局的并不少，只是不显山不露水，不为众人所知而已。

优哉游哉，有灵感就写点，没灵感就读书或散步，那是想象的学术生涯，现实中不存在。

学者不仅要忍耐挫折感，更要尽量避免失败。要避免失败，就得张弛有度，掌握学术生活的艺术。先付出巨大努力，让大脑绷得紧紧的，然后让大脑放松，大脑才可能释放灵感。灵感不是想出来的，是冒出来的。大脑很神秘，是否释放灵感，什么时候释放灵感，不可预知，苦候不来，不期而至。

让大脑高度紧张，各有妙法。让大脑彻底放松，也各有妙法。我觉得最有效的放松方式是充足的睡眠，其次是漫不经心的散步。睡到自然醒，醒来不觉得疲劳，说明睡眠充足。走路不等于散步，漫不经心地走路才是散步。走一万步，有目的，比如去买菜，不是散步。没有目标地走，为走而走，是散步。

第十六讲
从颜回早逝看拼搏精神

孔夫子最得意的门生是颜回。没读过《论语》也知道孔夫子赞许颜回的话："贤哉回也！一箪食，一瓢饮，在陋巷。人不堪其忧，回也不改其乐。贤哉回也！"

颜回为什么能不改其乐

学习与治学，头号敌人是厌倦。颜回为什么"人不堪其忧"却能"不改其乐"？他是怎样保持兴趣的呢？脑神经科学研究发现了"回也不改其乐"的脑神经机制。

大脑后部深处有三个细胞群，其中一个群活跃时，分泌的多巴胺会走两条路线。多巴胺走一条路线时会在名叫伏隔核的地方制造类似鸦片的脑内啡，脑内啡被输送到大脑的前额叶皮层，这前额叶皮层相当于大脑的工作记忆体，脑内啡在这里制造快感。与此同时，多巴胺走另一条路线直达大脑前额叶皮层，提高它的工作效率。大脑高度兴奋时，往往伴随快感，生理机制就是：

这个特殊的细胞群活跃起来，多巴胺同时走通了两条路线，启动了大脑的自我奖励。更重要的发现是：发生的事比预期的更好，最能让大脑这个细胞群活跃起来，让分泌的多巴胺同时走通两条路线。换言之，意外之喜最能让大脑这个细胞群活跃，让大脑进入高度兴奋的工作状态，同时启动其自我奖励系统。

能否在治学中体会到意外之喜，取决于三个要素。第一要素是赋值，即给自己追求的对象赋予价值。赋值是面向未来的可能，评价或估值则面向目前的现实。给追求的对象赋予的价值越大，点点滴滴的追求成功以及大获全胜的追求成功造就的欣喜度越高。第二要素是对自己能力的估计，对自身能力的估计越高，预期越高，得到惊喜的概率越小。相反，对自身能力的估计越低，预期越低，得到惊喜的概率越大。第三要素是下真功夫，刻苦用功，自然会产生灵感。

这三个要素颜回都具备。第一，他极其崇仰老师的道与学："仰之弥高，钻之弥坚；瞻之在前，忽焉在后。"对追求的目标，他赋予了极高的价值，稍有收获，就是惊喜。第二，他不认为自己是天才："既竭吾才，如有所立卓尔。"他不高看自己的能力，因而不期待自己能闻一知十："虽欲从之，末由也已。"不期望能闻一知十，居然闻一知十，自然就得到惊喜。第三，他下真功夫："有颜回者好学，不迁怒，不贰过。"功不唐捐，他也确实做到了闻一知十："赐也何敢望回。回也闻一以知十，赐也闻一以知二。"

由此可见，颜回学夫子之道，惊喜不断，因而不改其乐。

颜回的悲剧

颜回"不改其乐"，然而是个悲剧人物，原因之一可能就是少了点艺术与智慧。首先是赋值有误，其次是自估不足，最后是预期过低。赋值、自估与预期都不是黑白分明，非此即彼，都是难以把握的度。要适度，不仅需要科学，更需要艺术与智慧。赋值不足，动力不够；赋值过高，压力过大。自知与预期更是艺术与智慧，有自知之明，预期比较现实，惊喜少而平稳；自我估计过高，预期偏高，除非孤芳自赏，惊喜难得光顾；自我估计过低，预期过低，惊喜较多，但惊喜的价值也许只是雕虫的喜悦，不是屠龙的快乐。

颜回对老师的学问赋值太高，过于用功："惜乎！吾见其进也，未见其止也。"他对自己估计过低，以至于不敢在老师面前表达创见，他的创见也就失去了得到记录的机会："回也非助我者也，于吾言无所不说。"他生前固然快乐，但显然不够珍惜自己："一箪食，一瓢饮，在陋巷。"陋巷卫生条件肯定不好，病菌多，危害健康；饮食过于简单，营养不良，免疫力不强。种种因素叠加，导致颜回早逝，他临终想必恋恋不舍："子在，回何敢死？"

颜回早逝不仅是他个人的悲剧，也是孔夫子的悲剧。如果他得享天年，就有可能像柏拉图之于苏格拉底，把孔夫子的智慧火花发扬光大为辉煌严密的思想体系。甚至会像亚里士多德之于柏拉图，把孔夫子的思想推向更高的层次："吾爱吾师，吾更爱真理。"

管玥博士读了这一节，提出一个见解：其实，孔夫子是有遗憾的，他遗憾的倒不是这个最得真传的弟子没有创见，而是没得到助力，没被这个资质最好的弟子多撞撞。门下弟子当然都会向孔老夫子提问，但这个问绝大多数时候都是轻轻地撞，颜回这样资质的人才是可以大撞的，对老师的话领悟力强又心悦诚服，却没有意识到应该表达自己的创见，更没有用力去撞钟。对孔老夫子来说，这大概算不上幸事。

拼搏精神不适合学术生涯

20 世纪 80 年代的主旋律是奋发向上，大学校园流行的是乒乓国手容国团自我激励的格言："人生能有几回搏？"女排精神也被总结为"拼搏精神"。"搏"与"拼搏"，是激动人心的口号，适合需要拼搏的行业，比如竞技体育。竞技体育需要拼搏精神。与其他行业相比，运动生涯短促，拼搏机会难得，稍纵即逝，一去不复返。能在竞技体育中出人头地的都是天才，天才的特点是有爆发力。爆发是短暂的，不能持续，但每次爆发都造就辉煌，因而也不需要持续。大天才，一生爆发一次足矣，只有超天才一生能爆发多次，近乎神迹。

竞技体育主要拼体能，广义的学术研究主要拼智能。拼搏精神也适合广义的学术天才。学术研究的生命在于创造，创造是极限运动。人非神，天才也必须竭尽全力才能突破极限，创造新概念新理论。自然科学也好，社会科学也好，人文科学也好，天才的共同特点是起点高，进入前沿快，两三个月甚至两三年与世隔绝，不顾一切，就能突破极限。这是拼搏，几个月或几年的拼搏，往往就取得了一生最伟大的成果。

但是，拼搏精神仅适合天才，也仅适合天才一生的某个或某几个时期，不适合追求学术生涯的非天才。学术生涯不是天才的专利，非天才也能成为有创造力的学者。对非天才学者而言，学术生涯是马拉松，延续三四十年。关键时期三个，读博，起步，转正，每个时期五到十年。在关键时刻，比如完成博士论文的定稿，最后修订论文，敲定求职报告，趁热打铁才能成功，需要竭尽全力的拼搏。除了这样的非常时期，非天才学者需要持之以恒地工作，孜孜不倦地下真功夫琢磨，以求在天才不屑于用功的中小问题上取得创新突破。

　　遇到需要拼搏突破难关的时刻，限于才具，非天才学者往往不得不打破正常生活节奏。但这是非常时刻。正常情况下，不能放弃适合自己的生活节奏。即使在非常时刻，也不能连轴转。连轴转不是拼搏，是玩命。非常时期打破常规，拼命工作，是为了保命。但是，拼搏是极其特殊的情况，一生几回，已经太多。年轻人的韧度高，偶尔拼搏，一般来说不至于出大问题。但是，有多数，就有少数。危险在于，少数是统计数字，数字的每个单元都是一条命。一个年轻学者究竟属于多数还是少数，他人不知道，学者自己也不确切知道，但如果有足够的敏感，可以有隐隐约约的感应。如果自己不留心，那就真的无人知道。万一属于不能拼搏的少数，却误以为是可以拼搏的多数，就难免因为缺乏自知之明付出惨痛代价。

　　短暂拼搏是迫不得已的最大化，持之以恒下真功夫才是独立自主的最优化。学术生涯的第一时期，年富力强，万事草创，最大化不妨优先于最优化，但肯定不是一味最大化。即使是竞技体育，魔鬼式的极限训练也只是一面，同样重要的另一面是天使般的关照放松。体育明星既有技术教练和体能训练师，也有专职的按摩师和营养师。前者看得见，后者看不见，但看不见不等于没有。绝大多数博士生是无产阶级，不能这么奢侈，但学校的食堂有补贴，不难保证营养，有免费的健身房游泳馆，电影音乐会的学生票支付得起，精神心灵方面的放松与疗养更廉价，会会朋友，看看网上的免费电影，听听音乐，打打游戏，走进自然，都是应该享受的生活权利。只追求最大化，不懂得放松，就可能把自己练成废人，运动员如此，学者也如此。

进入学术生涯的第二阶段，最优化第一，最大化第二。助理教授（讲师）虽然尚无恒产，但不再是无产阶级。这个阶段，最大的风险是错把找工作的成功当成学术生涯的成功，错把学者工作的高度自主当成高度自由，缺乏足够的生存危机意识，把理当最优化的时间浪费在各种各样的悠闲上。听不见转正时钟的滴答，自己不设闹钟，就可能被他人设的警钟惊吓。

转正了，进入学术生涯的第三阶段，虽然仍有考核，但考核只是正常的工作压力，最优化应该成为主旋律。创造的机会不期而至，就抓住一闪的灵感。成熟了，也就开始老化了，不要以为灵感会再次光顾。这最优化的主旋律，就是教授的慢，是谋生存时不可避免的透支赢得的一种特权。谋生存时，不敢慢，不能慢，慢意味着出局。这种谋定生存后的慢，也不是悠闲，而是效率最高的工作节奏。

留有余地

从痴心的金迷到既通达深刻又细致入微的金庸作品专家也许不少，但最著名的无疑是六神磊磊（王晓磊）。他的口头禅是："我的主业是读金庸。"能这样说的，是卓有成就的读书人。卓有成就，证明有特殊天分，也就是证明此人是天才。衡量成功，无非三个标准：一是有足以支撑在人世间谋生存求发展的事业；二是拥有事业而非被事业拥有；三是毕生与事业相看两不厌。按这三个标准衡量，大多数学者只能及格，少数能得 80 分，95 分以上的就是天才了。

认清自己不是天才，承认自己不是天才，对于非天才来说至关紧要。车铭洲老师叮嘱学生："艰苦努力是对的，但是要留有余地，每天有规律地增加点锻炼身体的时间。"过劳与勤奋不是一回事。勤奋是本分，过劳是蛮干，对错分明。学者要有自知之明，不要盲目学习拼搏精神。不论在哪个阶段，学者有足够的自主权，不必像投资银行的员工那样长期过劳，因而就不必既把今生烧光，也把来世燃尽。"倘不，那就真是胡涂虫"（鲁迅）。

第十七讲
保护自己

学术生涯是追求本真的自我，前提是真把自己当回事。世界很大，人很多。但是，除了自己、家人、亲人、师友，极少有人真把我们当回事。如果我们不把自己当回事，那我们就真的不算回事。由此推出本讲的论点：为了把学术生涯最优化，必须全面保护自己。

保护身体健康

谈到人生智慧，无可争议的第一名是"健康第一"。叔本华说："人生头号愚蠢，就是牺牲健康，以求其他：求财富、谋腾达、图博学、逐名声。健康第一，我们应该把一切都放在它后面。"没有健康，人生无从谈起，学术生涯更无从谈起。健康第一是本能智慧，人人固有。奇怪的是，几乎人人都会在某个时期自愿不自愿、自觉不自觉地背弃它。当然，也有别有用心的奴隶主，自己笃信奉行这个智慧，然而引诱胁迫奴隶背弃它。以下重复四点健康常识，提醒我自己，也提醒读者朋友。

一、培养对身体的敏感

不辛苦工作，不可能有成就；但辛苦本身并不是创造过程，要科学管理时间，艺术地、智慧地辛苦工作，才是在学术界谋生存求发展的正路。学术生涯漫长，是跑马拉松，需要保持平衡。首先要努力，找到自己体力脑力的边界，不达到这个边界，不优化发挥它，就没有发现最好的自己，没有发展最好的自己。同时，千万不要莽撞地突破自己的极限，优化发挥是漫长的稳步工作。为了能长期积极稳妥地发挥自己的才能，务必保持对自己身心健康的敏感，我们的身体会及时发出警告，关键是我们是否有心听，是否注意听，是否真听。

18世纪法国哲学家朱利安·奥夫鲁瓦·德·拉美特利（Julien Offroy De la Mettrie）说：人是机器。机器会疲劳，制造机器的材料会疲劳。人也会疲劳。人与机器的疲劳都是隐蔽的。不爆发，似乎一切如常。一旦突破临界点，灾难猝然发生。机器的疲劳需要精密仪器监控，特别是关键部件，比如飞机发动机，科学家和工程师设计了众多传感器片刻不停地严密监控。人需要自己监控疲劳，但并非每个人都尽职尽责地监控身体状况，于是，众多悲剧有一个共同的剧名："太晚了"。

不是每个人都有适当监控身体状况的客观条件。但是，客观条件的不完备，突出了主观意识的重要。虽然谋生从来不是容易事，但"上顿不接下顿"毕竟罕见了。除了少数例外，人人都有经济条件与基本常识正确监控自己的身体状况。关键是区分身体的"需要"（need）与欲望的"贪婪"（greed）。

二、保障充足睡眠

叔本华总结了保健经验："要保持健康，就要避免一切奢靡放纵，避免一切强烈不悦的情绪波动，也要避免过强过长的精神操劳，每天至少在户外快速运动两小时，多洗冷水浴，饮食适量有度。""我们应当让肌肉适度紧张，从而锻炼它，但是要谨防神经紧张。要保护眼睛，避免强光，尤其是反射的强光；避免黄昏时分勉强使用目力，也不要长时间凝视细小物品。同样，不要听强烈的噪音。不过，特别重要的是，不要迫使大脑长期紧张，也不要让大脑在不适当的时候紧张。""特别重要的是，我们要给大脑充分的睡眠，这是它恢复活力所必需的。睡眠之于全身，正如上弦之于钟表。"

三、保障营养

健康饮食，要听从身体的信号，也要相信营养科学。吃什么，就是什么。人是动物，各种营养都不能缺，营养不良就会短命。孔夫子赞扬得意门生颜回："一箪食，一瓢饮，在陋巷。人不堪其忧，回也不改其乐。"夫子这样说，很不明智。这样褒扬，是纵容颜回不注意健康。在陋巷，居住环境不好，容易得病，这可能没办法。但颜回家不至于贫穷到让他只能"一箪食，一瓢饮"的地步。这种赞许还会鼓励颜回过劳。颜回乐于学夫子之道，营养不良还过劳，难怪会早逝。

四、适度运动

适量运动，适当健身，顺乎自然，不勉强，不懈怠。

保护心理健康

心理健康比身体健康更重要，更脆弱，更需要自我呵护。心理疾病不仅杀伤力更大，而且无影无踪，不着痕迹，更难自愈，也更难自治。外科医生可以给自己做小手术，内科医生可以给自己开药，心理医生却只能靠艺术、运动和旅游保护自己的心理健康，甚至靠同行医治。

保护心理健康，首先要承认一个事实：抑郁症是学术界的常见病。面对莫名的压力，精神长期紧张；面对高度不确定的风险，心理高度恐慌或焦虑。这两种情况很容易诱发抑郁症。轻度的抑郁症表现为疲惫、嗜睡或失眠、精神不振、生趣索然，重度抑郁的最危险症状是有自杀念头。抑郁症是疾病，必须客观面对，主动预防，主动自救，主动求医。

一、培养心理健康意识

面对巨大的压力，心理健康意识和自觉的防护是有效的第一道防线。与倾听生理健康的信号不同，倾听心理健康的信号不那么容易，听懂更不容易。弗洛姆说白日梦是信号，无疑是对的。从事脑力劳动，判断是否到了极限，更可靠的信号是累人的梦。做了这类梦，就进入危险区了，务必尽快退出，放松，少工作，做轻松的事，或者干脆不工作。不要硬挺，硬挺会让神经麻木，丧失敏感，把危险淡化为风险，后果就是过劳，过劳会制造灾难。

二、接受自己

学术界无非两种人，天才与中人之材。一般来说，等意识到自己在学术界的相对位置，就已经无法退出。选择留下，就必须接受自己，悦纳自己，欣赏自己的强项，接受自己的弱点。这就是自知之明，包括几个重要方面。

第一，明白也接受一个事实：世界强，个人弱。世界是学术界，学术界是市场，也是江湖，甚至是官场。世界很强大，个人很弱小。天才可以扭转乾坤，不是天才，要承认自己弱小。

第二，明白也接受一个事实：先天强，后天弱。体力智力的差距都是先天的，后天努力可以缩小差距，但不能消灭差距。有人比自己聪明，有人比自己用功，有人比自己既聪明又用功。

第三，明白也接受一个事实：强中更有强中手。强与弱是相对的，强弱之别是绝对的。打篮球，绝大多数人跟姚明比是弱者；研究物理，绝大多数人在爱因斯坦面前是弱者。在世间，在各个行业，在学术界，超强万分之一，强豪千分之一，强者百分之一，多数是常人。

三、自我修炼

自知之明是自我修炼的认知基础。修身很难，是在相对和变化中找平衡。在学术界谋生存求发展，有两种合适的人格。天才学者可以我行我素，独往独来；中材学者需要培养健康的双重人格。不由自主的双重人格是不健康的。健康的双重人格，一有自觉，二有自控。自觉，是主动把自己一分为二，培养两个人格，两个人格都真；自控，是有选择地表现两个人格，在不同时间与场合，表现适合生存与发展的真我。双重人格表现在学术生涯的各个方面。就学术发表而言，中材学者的双重人格表现为一系列自觉的角色切换。

是常人，甚至是弱者，都正常，不可怕。每个人都在某个或某些方面是弱者。数学好的强者，不需要找窍门，硬碰硬就能赶上时尚，比如做大数据深度学习。数学不好，是弱项，但哲学逻辑好，是强项，直觉判断好，也是强项。有强项，就可以绕开数学关口，找到属于自己的窍门，迂回绕道，但终能达到目标。

可怕的是缺乏自知之明，明明是弱者，偏以强者自居；明明是弱项，偏认为是强项，甚至是专长。这样就容易出问题，轻则自曝其短，被人背后讽刺，甚至当面嘲笑；重则屡遭挫折，蹉跎一生。即使在某个方面甚至很多方面是弱者，即使在竞争的开始处于总体弱势，只要有自知之明，只要恒常努力，不断巩固发扬自己的强项，不断弥补自己的弱项，就可能在竞争中把总体弱势变成总体均势，直至化为总体优势。

明白自己是弱者，没必要对他人承认自己是弱者，尤其不要对不堪信任的人承认自己是弱者，但要坦然面对自己，承认自己是弱者。承认自己总体上是弱者，承认自己在世人看重的某个甚至多个方面处于弱势，对世人就没有过高的期望。世人轻视，正常；遇到伯乐，感恩；欣逢知己，庆幸。这样就比较容易保持心态平和，至少不会感到太失落。

既然有弱项，甚至总体处于弱势，生活中必然充满挫折感。某个或某些方面是弱项，就会遇到这个或这些方面的强者，强者并非个个是君子，甚至可以说，强者往往不是君子。强者以强者自居，有意无意地藐视弱者，不友好，然而正常。恃强凌弱，邪恶，但不足以为奇，更不足以动摇自信。承认这个外在现实，并不能完全避免挫折感，但有助于管理挫折感，不让挫折感瓦解自信，不让挫折感动摇自己的努力。

清楚意识到自己是弱者，承认自己是弱者，不以强者自居，不装腔作势扮演强者，就可以避免遭遇可以避免的挫折，避免自取其辱。本来做得不够好，然而自以为很好，他人不认同自己做得好，就产生挫折感，这是以强者自居的人遭遇的挫折感，这种挫折感具有破坏性。本来做得不错，还是觉得做得不好，也是一种挫折感，感受到这种挫折感的人，未必真弱，然而自认为弱。这种错位的挫折感有点破坏性，但同时能激发更多的创造性，释放更大的创造力。

以强者自居的人，遭遇到挫折，往往难以找到化解方法。自认为弱者的人，即使深感挫折，也不难找到解脱之道。解脱，就是承认自己本是弱者，原本可能做得很差，能做到现在这样已经不容易，值得自豪。既然做得并不那么差，那就有理由相信自己做得还不错。既然还可以做得不错，那就持之以恒做下去，即使不能最终做得更好，总能增多延长已经取得的成绩。人世间，聪明不少，恒心罕见。持之以恒者，几乎都能最后胜出。

有自知之明，还能在另一种意义上把弱势变成均势，甚至化为优势。承认自己有弱项，就会主动扬长避短。发扬了长处，避开了短处，就把全局弱势变成了全局均势。如果偏弱的方面已经成为本行的时尚，躲避不开，那就利用强项，找窍门补短。万法归一，有强项，意味着在这个方面悟到了法，那个法与弱项的法是通的，只要多动脑筋，就能把已经悟到的法与尚未明白的法打通，不仅补齐弱项，有时还能把原来的弱项补成强项。

四、躲避戾气

为了躲避戾气，不妨少看电视新闻，少看微信朋友圈。微信朋友圈冒出戾气重的人，一律拉黑。不轻信朋友圈传的种种消息。越是让人一看标题就热血沸腾的，越要存疑。对付标题党，最有效的方式就是不点开。看到"重磅"之类的标题，坚决不上当。手机时代，"两耳不闻窗外事，一心只读圣贤书"，近乎不可能了。但是，可以自制，抗干扰。信息时代的特点是大大小小的热点不断，关注热点要自制。有些热点似乎关乎国家民族大义，饶是如此，也要记住胡适先生的话："救国千万事，何一不当为；而吾性所适，仅有一二宜。"认清自己"性之所近，而力之所能勉"的方向，努力求发展，才是对国家应尽的责任，才是成就大事业的预备功夫。

朋友圈的热点问题，往往与自己的职业有关，很难完全置身事外，但也要尽量不热心，小心保护大脑的冷静，保持心境的平和。遇到令人义愤填膺的消息，不要轻信，不要匆忙做出自己的判断和推理。即使是可靠真实的消息，也总是局部，不是全体。因此，即使是看口碑良好的媒体的消息，也要提高警惕，不要脑补，不要想象。

在互联网、手机、社交媒体无孔不入的密集轰炸下，自保更得防微杜渐。如不小心自保，自我将所剩无几。微信朋友圈是特殊的舞台，同时是特殊的镜子。这舞台对演员有强大的诱惑力，对演员也有强大的透视功能。人人难免在舞台和镜子中暴露本相，君子的高贵、小人的卑鄙，都一览无余，能看到善良、文明、反思与奋进精神；同时也能看到狭隘、嫉妒、愚昧与妄自尊大。入戏太深，关注就成了炼炉。多数微信群与朋友圈差不多，是闲人的舞台，犯不上当热心观众。

五、不要以超人自居

人世间的痛苦无穷无尽，灾难无止无休。必须有同情心，但不能以超人自居，以释迦牟尼自居，更不能以耶稣基督自居。无力改变的事，尽量少想；不能不想，就尽量不要幻想自己有超人的能力甚至有巨大的权力。过分关注热点问题，是因为下意识中极度夸大了自己的力量，仿佛自己的关注能发挥什么魔力，有助于战胜不正义的力量和不正义力量的同盟军。过分关注热点问题，是把"以天下为己任"的高尚情怀误解为可以身体力行的人生哲学，把"天下兴亡匹夫有责"的道义担当误解为擎天一柱力挽狂澜的实力。不要幻想自己可以凭心愿改变世界，试图通过体会感同身受舒缓心理压力是抱薪救火。不要让关注热点问题制造以天下为己任的虚幻使命感，制造虚幻的成就感，仿佛关注天下大事就是处理天下大事，甚至就是解决天下大事，成为不下真功夫提高自己的理由。不干正事，仿佛关注热点问题就是以天下为己任，不过是掩饰自己偷懒。

高度自制地关注热点问题，不让关注热点问题成为不下真功夫提高自己的借口，需要智慧。智慧的拥有量与年龄未必成正比，但智慧的需求量与年龄肯定成反比。非常时期，关心热点问题是自然的，因为关注而分心是必然的。不过，关注与分心之余，最好问自己一句：我关注有什么用？我能实际做点什么？我怎样把焦虑的关注转化成对自己有积极作用的情绪？不以超人自居，需要抑制自己的虚荣心，最困难，所以也最重要。

六、自己造绿洲

熊景明老师说："天下无乐土，自己造绿洲。"她用诗的语言表达了一个哲学体系，这个体系就是"最好的可能世界"。"最好的可能世界"是德国哲学家莱布尼茨提出的论点。他提出这个概念，目的是回应一个对基督教信仰的质疑。常有人问：既然上帝全善全知全能，为什么世界上有种种邪恶与不幸?

最好的可能世界是个巧妙的概念，有助于既坚持信仰又不否认现实。最好的可能世界集信仰、希望、智慧于一体。第一，已经发生的，是最好的可能世界。可能发生的世界无穷多，其中只有一个最好，现实世界就是那个最好的可能世界。具体到每个人，无论发生了什么，都是最好的可能世界。这是信仰。第二，尚未发生的，要努力让它成为最好的可能世界。尽自己努力的同时，承认谋事在人成事在天。这样，尽到最大的努力，无论发生什么，都是最好的可能世界。这是希望。第三，不论希望是否落空，一旦事情发生，就认定它是最好的可能世界，认真琢磨它好在哪里，认真思考如何让未来继续是最好的可能世界。不管处境如何，总要时不时提醒自己：这是最好的可能世界。承认这一点，不是放弃，是安顿心情，继续探索下一刻最好的可能世界。坚守信仰，保持希望，这是智慧。

这三个说法都是常理。遇到令我们高兴的事，我们也许无法想象事情还能更好。但是，无论遇到的事让我们多么忧愁，我们都能想象出会让我们加倍忧愁的事。也就是说，我们总能想象"事情原本可能更差"。既然原本可能更差，那么现实就不是最差。不最差，当然不等于最好。但是，我们无法让时光倒流，覆水不可收，无论是犯了小错，还是铸成了大错，都无法逆转。念念不忘失误，痛心疾首，悔之莫及，精神恍惚，会引发更多失误。明智的做法，就是相信现实是最好的可能世界。犯了小错，庆幸没犯大错；犯了大错，庆幸没犯致命的错。相信现实世界是最好的可能世界，不等于相信未来的世界自然而然就是最好的可能世界。相反，能否相信未来的世界一定最好，取决于现在是否尽最大努力，把自己的工作做到最好。要做到最好，就要反思自己的失误。最好的可能世界是鼓励积极创造的人生观。生命的本质是创造，创造总是伴随着痛苦。创造过程有多么痛苦，创造的成果就有多么美好。

学点心理学，学点哲学，学点宗教学。天下无乐土，自己造绿洲。

保护黄金时间

贯穿学术生涯的是自保。有价值的都是稀缺的，需要保护。时间稀缺，优质时间是生命的精华，更稀缺。必须保护自己的优质时间。需要保护的，就是并非确定属于自己的。绝大多数人，一生的很多年头，时间并不完全属于自己，甚至多数时间完全不属于自己。连鲁迅先生也不例外：

"在钟楼上的第二月，即戴了'教务主任'的纸冠的时候，是忙碌的时期。学校大事，盖无过于补考与开课也，与别的一切学校同。于是点头开会，排时间表，发通知书，秘藏题目，分配卷子，……于是又开会，讨论，计分，发榜。工友规矩，下午五点以后是不做工的，于是一个事务员请门房帮忙，连夜贴一丈多长的榜。但到第二天的早晨，就被撕掉了，于是又写榜。于是辩论：分数多寡的辩论；及格与否的辩论；教员有无私心的辩论；优待革命青年，优待的程度，我说已优，他说未优的辩论；补救落第，我说权不在我，他说在我，我说无法，他说有法的辩论；试题的难易，我说不难，他说太难的辩论；还有因为有族人在台湾，自己也可以算作台湾人，取得优待'被压迫民族'的特权与否的辩论；还有人本无名，所以无所谓冒名顶替的玄学底辩论……。这样地一天一天的过去，而每夜是十多匹——或二十匹——老鼠的驰骋，早上是三位工友的响亮的歌声。现在想起那时的辩论来，人是多么和有限的生命开着玩笑呵……"（《在钟楼上——夜记之二》）

即使自己不拿自己的时间开玩笑，也难免自己的时间被人开玩笑，更难免花时间陪他人拿他们的时间开玩笑。尽量躲，实在躲不开，就心不在焉。应该心不在焉的场合，莫过于必须参加的两类会议。一类，有发言权，但议题本来就是鸡毛蒜皮，适合交给算法处理。二类，事关重大，但无发言权，因而实质上属于鸡毛蒜皮。心不能没着落，不在会场，不妨默听脑子里的录音：汉赋唐诗宋词，英语德语法语。季羡林先生的修为更深："只要在会场一坐，一闻会味，心花怒放，奇思妙想，联翩飞来；'天才火花'，闪烁不停，一篇短文即可写成，还耽误不了鼓掌。"

保护时间需要勇气，勇气来自自信，自信靠实力，也靠开放的心态。季先生身在大会场，脑子开小差，因为他不在乎那些会场，他有属于自己的有意义的会场。比季先生勇气更大的是钱锺书先生，请假，不去会场。两位先生的勇气都来自依托学术实力的自信和潇洒。

非升即走阶段的年轻教师最辛苦。研究教学压力山大，遇到欠开明的领导，还会摊上各种琐事。不敢保护时间，势必丧失黄金时间。

不要执着，不要心虚地假定只能在这所大学谋生存，假定"走"意味着"失败"，否则就会不知不觉地卷入无穷无尽的无聊事。世界很大也很小，机会很多也很少，大小与多少取决于实力和心态。

即使在哈佛，目标也应该是"升"，不是"留"。

保护自信

对付压力，防卫手段是承认自己并非样样精通，进取方法是在某一点上真正做到最好，从而建立自信。自信，归根结底靠实力，最能表现实力的是有一技之长，有拿手好戏。可以说，自信的真正根源是有一技之长。要在社会上求安全，最牢靠的就是有点本事，有一技之长，就是做一件事比别人都强，至少比周围的人强。不可能做到比所有人都强，但要比大多数人强。

一旦树立了这样一个观念，就会专心学一个东西，想把它学好，无论花多少时间、多少精力，都不会觉得投入太多，也不会觉得学得太慢。全力以赴做一件事，同时防卫与进取。自信的另一面是真心承认自己能力有限，精力不足，只能老老实实做一件事，不奢望样样精通，更不奢望做出大学问。这种心态也是进取，就是竭尽全力把一件小事做到自认为最好的程度。

做到自认为最好的程度，看似简单，其实很难。自创的独一无二，是一时在某个问题上有独一无二的见解。这灵感，对学者自己是独一无二，虽是一闪即灭的细微火花，但弥足珍贵。困难是，这火花，在学术界十之九九是重复，万分之一可能真是独一无二。

在学术界谋生存，最常见的焦虑是缺乏真正的自信，也就是不能信心十足地声明自己在某个问题、某个研究分支、某个研究领域有专属自己的一席之地，有一条或几条又粗又深的根。要走出这个困境，也不那么艰难，策略是双管齐下。一方面缩小自己的研究课题，另一方面扎深分析的根，这样就有较大的可能产生一个信念：此时此刻，关于这个问题，我是我所在的这个学术界知道最多的、想得最深的、分析最全面的。只要这一闪念最终得到学术界承认，生存的根就扎深了一米。每个得到学术界承认的这种闪念，都是在学术界生存的一条根。实施这个策略的难点，是选择一个小到自己可以应付但意义又足够大的课题。

一、不断增强实力

保护自信，靠不断增强实力。学者的自信是一时拥有独门绝技。这一时，很短。独门绝技必须公诸天下才可能得到承认，从而实现价值。技能一旦公开，就不复为独门，发明者的绝对优势就变成相对优势。没有新发明，很快就变成均势，然后被超越，优势变成劣势。

一篇论文，从无到有，平均需要两三年；从有归无，一般只需要一年。要提高研究能力。学术生涯如逆水行舟，不进则退，停顿就是落后。这是社会科学界的常态。自强不息，就能把皮磨硬。第一，天天写作，手要磨硬。治学就像干农活，手要磨出老茧。多写少读，七三开甚至八二开甚至九一开。写难读易。避重就轻，人之常情，但学术界的生存规则是必须逆势而行。

第二，年年投稿，心要磨硬。自尊不能丢，不能少，要小心保护。保护自尊，不能靠躲避挫折，因为躲不开，只能靠磨出硬皮。手磨出老茧，比较容易。把自尊心的皮磨硬，很难。虚荣心是人的天性，不膨胀就是君子，能抑制就是圣贤。把自尊心的皮磨硬，第一步是不纵容虚荣心膨胀，第二步是约束虚荣心。手磨出了老茧，自尊心有实力基础，皮自然会厚实些。但二者毕竟不是一回事。写作是自己对自己，投稿是自己对他人。这他人，共同的特点是有绝对权力。刊物的主编有桌面拒稿的权力，匿名评审有建议拒稿的权力。

二、不断有新成果

保护自信，也靠不断有新成果充实底气。论文很像救生圈。学者在学术界大海浮沉，全靠救生圈保命，但这救生圈会迅速老化。发表当年，列入成果报表。一年后，变成短期发表记录，下次考核有效。考核通过，论文变成中长期发表记录。最后一次考核过后，论文变成作者记忆中的几行陈迹。不仅如此，论文折合救生圈的"汇率"是浮动的。救生圈的大小、韧度和老化速度，往往并非完全由论文质量决定，也并非由同行学者决定。在多数大学，论文的质量由行政管理者评估。知识爆炸的时代，通才不专，专家不博。不论谁掌权，可行的评估方法都是依靠或精或粗的计算，除非论文中彩得个大奖。精力旺盛，趁一个救生圈还新，要赶紧制作下一个，保证前一个老化前得到替补。积累几个救生圈，才有望组装成一只橡皮筏。橡皮筏也难免老化，但浮游时间较长。更重要的是，上了筏就不必再泡在海水中。谋生存第一，求发展第二，完成使命第三，次序不可颠倒。品牌作是红花，厚积薄发；签名作是绿叶，细水长流。饭碗尚未端牢，追求厚积薄发是冒险。确信自己是中人之材，即使工作有保障，也要不断有产品，至少间或有发表。不自我约束，很容易自我松懈；不急于事功，就难免一事无成。

三、正确对待差评

为了保护自信，要正确对待差评，认真对待，但不要过于认真，就事论事，不个人化，不情绪化。学术生涯往往差钱，但从来不差差评。我在美国读书时的一位老师说：在大学任教，是充满羞辱的职业生涯。差评来自三方面。

首先，不发表就出局，投稿被拒是常态，被拒意味着差评。差评，有公正的，也有不公正的。公正的，未必有实质帮助，但至少不伤害自尊；不公正的，既无实质帮助，还伤害自尊。不拿钱也出局。申请研究经费，失败是常态。失败，意味着差评，差评有公正的，也有不公正的，二者比例如何，看运气。开拓新领域，可能得差评，以前的成果被一笔抹杀，评论者只看到申请人在这个领域尚无建树。深耕旧领域，更可能得差评。发表的文章多，成了弱点。自己清楚每篇文章各有什么独特观点，但同行往往更多看到相似点而不是独特处。树大招风，优秀就难免受同行嫉妒。

被拒稿是常态，但毕竟是痛，至少是烦，不可能坦然欣然。既然是痛与烦，就要有应对之策。可选的对策有两个，要根据自己的情况小心选择。心够大，功力够深，不怕被妖风吹倒，乐意看看不公正的同行在匿名保护下能做出何等丑恶的表演，就看看。遇到绝妙好词，还可以立此存照，作为反面教材。这一点，诺贝尔化学奖得主霍夫曼（Roald Hoffmann）教授是楷模。收到了拒稿信，看看老先生笑谈对手的恶评，是一剂良药。功成名就后的笑之灿烂，映射努力奋斗时的痛之切甚至憎之深，天才尚且要经历如此的折磨，非天才受差评，能算几何？有什么过不去的？

学术生涯注定孤独，因而学者要掌握足以自诊自疗的心理学常识，进而通过实践把心理学常识转化为人生智慧。心理学常识像房子，有的人，买了房甚至建了房，但不住，常识就落了空。有房，也住房，常识就变成了智慧。下面这段话，引自叔本华的《人生智慧箴言》，然而首先是心理学常识："嫉妒是人的天性；尽管如此，它既是丑行，又是不幸。因此，我们应当把嫉妒视为幸福之敌，要像对付恶魔一样努力掐死它。对此，塞涅卡给我们的教导很妙：'只要不跟别人比，我们的日子就不错；容不得别人比自己幸福，自己永远不会幸福'；还有：'若是看到那么多人比你过得好，那就想想生活不如你的人'。所以，我们应该多想想生活不如我们的人，有些人过得比我们好，但那只是表面现象。当真厄运临头，想想比我们苦难更深的人，会让我们感到莫大的慰藉，尽管这慰藉与嫉妒出自同一个源头；其次，与处境相同的难兄难弟在一起，也会让我们得到安慰。"

话说回来，心不够大，修为不够深，不妨向鸵鸟学一招。收到主编的拒稿邮件，先不看匿名评语，只看自己的论文，尝试自力更生改进。改不动，就看看评语，如果评语有建设性，也不伤筋动骨，就遵照建议修改；如果评语有建设性，但要求过高，就缓一缓。收到破坏性的评语，不要计较，只当以受羞辱付了学费。一般情况下，总是有修改的余地，所以不要一字不改就另投他刊。改完了，另投并不必然就下，改得好，就往高处投。总而言之，天下很大，刊物分一二三四级，每个等级的刊物数以十计，不要认死理，非在一棵树上吊死，也不必一心一意向往顶刊。2018年诺贝尔生理学或医学奖获得者本庶佑教授说：真正一流的工作往往没在顶刊发表。自然科学尚且如此，其他学科自不待言。

不少自然科学家鄙视经济学，认为诺贝尔经济学奖名不副实；不少经济学家鄙视社会科学，认为社会科学不是科学。社会科学不仅没有诺贝尔奖，不少经典著作还是由商业出版社出版，未经过大学出版社匿名评审血与火的考验。不摆脱这无谓的鄙视链，学术生涯就变成了无聊的营生。力所能及，不能不争高起点；暂时力不能及，先求发表，后谋影响。

主编决定给修改再投（revise and resubmit，简称R&R）的机会，匿名评审的意见自然值得细细琢磨，认真对待。

第二，学者一般在大学任教，也要面对学生的差评。在大学任教，必须面对学生的评价。学期的九五成时间，学生对教师没有实质的评论权。等到期末，才终于得到一次发言权，可以打分，可以写评论。对这个制度，年轻教师理当积极接受，尊重学生评价老师的权利，但要适可而止，给自己留下足够的呼吸空间。老师不是圣贤，听听学生的匿名评论，能知道自己的短处和不足。做不到闻过则喜，至少可以闻过则惕。但是，一定要区别对待，具体分析给差评的可能是哪些学生。从评语的遣词造句，可以判断学生的水平和认真程度。如果不加分析，假定给差评的是好学生，就是自寻烦恼。按理说，教评结果是教师的镜子。实际上，教评也是照学生的镜子。有些学生觉得是在评价老师，其实是在评价自己。教师生涯有阴暗沉重的一面，是学生看不见的。教师不能指望学生体谅，正如父母不能指望子女体谅。高等教育，教师是一方，学生是一方，是平等的参与者，也是不平等的互动者。平等，是人格平等，是绝对的，然而是抽象的；不平等，是阅历见识学问不平等，是相对的，然而是具体的。师生人格平等。教师要自尊，尊重学生，努力赢得学生尊重，而不是要求学生尊重。师生学识不平等，学生要自强，也要敲钟。不仅如此，敲钟还要得法，先自己努力，实在想不通再敲钟，不要只为图省事省力，每事问。

最后，差评也可能来自暗处的竞争对手。投稿被匿名评审讽刺挖苦，虽然也难以接受，但因为是双盲评审，尚可假定对方不知道自己的身份。更难应对的是申请经费和申请晋升转正时遇到不公正的外审，这种差评最让学者感到受伤。因为这是单向匿名评审，被评审者在明处，评审者在暗中。遇到这样的差评，很难释怀，如果能猜出评审者的身份，更难释怀。唯一的防范措施是充分行使制度赋予的权利，把可能做这类差评的人列入反对名单。不过，保护有代价，反对名单不能长，否则会招致主编或主管怀疑。

四、广结善缘

广结善缘，是自信的表现，也可以保护自信。留意两点。一是不树敌，力行疑人不如疑己。参加学术会议，质疑与批评是听众的权利，也是义务。但是，发言者与听众都只是临时角色，恒久的关系是学术同行、竞争对手。因此，作为听众发言，务必言之有据，务必与人为善，务必让发言者感到并确信自己的善意。千万不要抖机灵，为炫耀自己，图一时口舌之快。公开场合不树敌，匿名审稿也不树敌。

把研究做好，也是结善缘。文献综述时积极评价他人的研究，宁可褒扬，绝不或明或暗地贬低，是结小善缘。公平审读同行的论文，与人为善，提既有建设性也有可行性的修改意见，也是结善缘。并非人人都有作恶的冲动，但人人难免有以恶报恶的冲动。不过，学术界本来就是小圈子，网络年代，双盲审稿已经近乎不可能。有匿名审稿制度，但不要盲目相信自己真有匿名保护。今天对别人有失公正，明天就可能遭遇别人的不公正对待。

匿名审稿制度的设计目标是四赢。审稿人从作者那里学到新事实、新观点、新方法；作者在审稿过程中发现自己的盲点，提高研究水平；主编依赖审稿人为刊物把关，淘劣取优；学者也是赢家，文献综述时可以根据刊物排名分配时间和精力。制度的运行最终取决于人，特别是取决于在制度框架内活动的人是否遵守尚未或无法硬性制度化的软约束。依据软约束，可以把有资格做匿名审稿的学者大致分为三类（详见本讲第五部分第五点）。学术环境的优劣，取决于审稿人的分布。学术期刊多元，多数学者以学术为志业，则审稿人呈正态分布，中间多，两头少。健康的学术环境不照顾天才，但为天才的成长提供足够的空间与时间，天才不需要特殊照顾。对中人之材来说，学术环境是否健康，影响生涯走向，也影响生存质量。为保护心理健康，写文章时尽最大努力，也深信，就文章关注的问题而言，当世无人写得更好。这样，收到建议拒稿的审稿意见，就可以断定审稿者要么不懂装懂，要么自大苛求，要么兼而有之，可以心平气和地置之不理。

五、谨防自负

不让自信变成自负，也是保护自信。自信很宝贵，但容易变成自负。自信的基础是有一技之长，如果心中只有自己的一技之长，只有有一技之长的自己，自信就变成了自负。自负有害，外在表现是不能公正对待他人，伤害他人。自负也伤害自己，自负令人嫉妒他人，嫉妒让自己不快，甚至让自己跟自己过不去。自负，容易觉得他人对自己的成就不够尊重。年轻学者，往往抱怨世界不相信潜力，根源是自负。狂妄自大，自视过高，必然以顺为逆，以常态为苦难。焦虑，往往是因为过分自负，以天才自居。

学术界的人最容易落入的陷阱就是自大，九成九不是天才，但九成九以天才自居。奋斗多年，只种出几颗豆子，却遗憾没有培养出珍珠，这是一种自负。顽固地相信自己有培育珍珠的能力，其实没什么根据。能力的唯一证据是成果。有成果，就是有能力；没有成果，就是没有能力。"后生可畏"，是老年人回顾青春年华时的欣慰感慨；"后生不足畏"，才是老年人针对眼前年轻人说给自己的心里话。

天才学者的自信，在非天才看来是自负。因此，学者究竟是自信，还是自负，往往不易坐实。不过，有常态就有例外，有些老迈天才学者的自负是可以坐实的，比如一再宣称解决了悬疑多年的数学猜想但提交的论文得不到同行认可，又比如声称创造了可以解释宇宙万物的科学理论。从神人到神棍，本来就只有半步之遥，更何况有两个车轮助人走完这半步。一个车轮是基因钟表。年龄越大，越容易自以为是。人过四十，大脑就开始退化，理智自控力开始变弱，除非留意自省，往往觉察不到。另一个车轮是权力魔圈。青壮年时取得的成绩越好，越容易自以为是。取得了成绩，就赢得了学术话语权，成为名学者；名学者能赢得名校的教席，名校产生光环效应，可以助名学者把学术话语权兑换成行政权力。行政权力几乎必然令掌权的人傲慢，因为行政权力令绝大多数无权的人畏惧。无权无势无勇无武，只有学问，即使在法制健全的地方，也在行政权力影响下，甚至制约下。不趋炎附势，不意味着可以傲视权力，更不意味着可以傲视津津享受权力的自负狂人。明白这个道理，一可自警，二可自保。

保护平和心情

保护平和心情的关键是接受常态。人生的常态是什么，众说纷纭，但肯定不是皆大欢喜。宋人方岳诗云："不如意事常八九，可与语人无二三"，说的是人生常态。杨绛先生说："人生实苦"，说的也是人生常态。

人生常态应该是什么，似乎有共识：人生应该幸福。但是，常言说的幸福，是人生偶尔出现的峰值，是机会与努力偶尔相遇。好运不可能持久，峰值不可能持续，作为峰值的幸福就不可能长久，也就不可能是常态。

人生状态是正态分布，顺境与逆境是两端，中间是常态。应当以常态为顺境，不要以常态为逆境。以异常为常态，就会以常态为异常，就难免以常态为逆，就难免忧虑过度。

界定什么是常态，就是界定自己的期望值。遇到不顺心的事，要想想，是别人在这件事上亏欠了我们，还是我们期望太高。同样一件事，期望太高，就认为是逆境；期望合适，就以为是常态；期望很低，就以为是顺境。期望适度，至少能避免以顺为逆。

叔本华说，既无痛苦，也不无聊，就是幸福。这种幸福观，年轻人不宜接受，中年人难以接受，老年人应该接受。这种幸福是舒适。如果舒适是人生常态，悦纳舒适就是幸福。

学术生涯是一种生活，也是一种事业。学术界，处处是荆棘；学术生涯，步步披荆斩棘。学术生涯具有人生常态，还有几个特殊常态。

一、读书记不住是常态

读书记不住是常态。不必害怕遗忘。学任何东西，都是学了后面，忘了前面。遗忘的是知识，但能力比较容易久存。看文献也如此，看了就忘是正常的，关键是看后是否有酝酿。

伽达默尔说："遗忘是一切生产力的根。某个东西得到储存，成熟，然后不再被拥有，只有这样，才可能产生新想法。"储存，放熟，例如未成熟的香蕉，又例如窖藏新酒。伽达默尔的话显然是经验之谈。他记忆力极好，百岁高龄时，口授回忆录，引用年轻时熟读的诗篇，仍能脱口而出。但他显然没有照相式记忆，并非过目不忘。他深懂遗忘，既洞悉遗忘造成的困扰，也明白遗忘对创新的独特价值。前者是常识，后者是智慧，把智慧说清楚，就是哲理。

二、眼高手低是常态

眼高手低是常态。眼高手低，是心理的自然落差，也是生理的自然状态。但是，承认自己眼高手低，却不容易。承认自己眼高手低，是提高手上功夫的前提，眼界的提高速度总比手上功夫的提高速度快。接受这个常态，有两个要点。一是相信自己足够聪明，树立这个信念靠边强迫自己下真功夫边自觉地做纵向与横向的比较，纵向是觉今是而昨非，横向是意识到并非事事不如人、处处不如人。二是相信自己没那么聪明，不是天才。

深信自己足够聪明，更信自己没那么聪明，是适度自信。适度自信，近乎自疑。心理学家说：自疑越强，成就越高。适度自信，就是只相信实力，只下真功夫，不玩花拳绣腿，不自欺欺人。适度自信，也是相信世上只有一个安全保障，那就是自己的能力。

有常态，就有异常。眼高手低是常态，也有人眼低手高。能力是手上功夫，动手能力体现在做事上，动脑能力体现在创新上。眼界是对自身能力的估计，也是对自身价值的预期。在这个意义上，眼低手高是自己埋没自己，是人生的一大悲剧。

三、自觉乏力是常态

自觉乏力是常态。学问之苦，不在孤独，不在劳累，而在自觉乏力。心有余力不足是常态。自觉乏力是学术生涯注定的。学术研究是极限运动，自觉乏力是学者的宿命。达到极限前，自觉乏力；达到极限时，自觉乏力；突破极限的瞬间，很高兴，随后还是自觉乏力。学问的一点回甘，是自觉乏力之后，偶尔也得以确认自己的极限也是他人的极限，从而相信学术界总体公平，不是武大郎开店。

四、投稿被拒是常态

文章被拒，是常态，不必沮丧。匿名评审的学术刊物，稿件的采用率普遍低于 30%，超过 2/3 被拒。文章遭遇桌面拒稿，不必沮丧，从拒稿信可以判断自己投稿发生了什么失误。明白投稿被拒是常态，有利于在投稿过程中冷静地做两个功课。一个功课是预备好备选刊物，排好次序，心中有数。一个刊物拒稿了，看看审稿人是否在文章中发现了硬伤。有硬伤，就解决；没有，就根据下一个目标刊物的特点简单修改文章，另投。

另一个功课是根据审稿意见评估审稿人。一是评估他们的学术成就。一般来说，审稿人成就越高，审稿时越公平。公平来自自信，不是来自慷慨。相信自己的成就，就不会担心被轻易超越；不担心自己的成果被扫入遗忘的深渊，就愿意看到它成为更辉煌学术成就的基石和支柱。清楚这一点，一会珍惜公平的审稿意见，二可以不太介意不公平的审稿意见。

二是评估他们的门派。江湖很大，山头很多，多做点学术市场调查，重新评估文章的市场定位和市场价值，另寻门路。学术共同体是松散的，一个刊物的编委会是松散的，刊物的审稿人队伍更松散。看看审稿意见，可以大致判断遇到了哪些人物，哪些门派，有助于另选刊物，也有助于决定是否需要推荐某些学者审稿。

三是评估他们的实力。学术共同体是松散的，成员的实力参差不齐。发现审稿人的平均实力远超自己，证明自己选择的刊物偏高，再投时不妨适当调低目标。发现审稿人平均实力不如自己，证明选择的刊物偏低，即使被拒，再投时选刊物也不要低就，甚至不妨调高目标。

明白被拒是常态，对保护自信十分重要。文章得到"修改再投"，是中了彩，值得高兴。为什么？站在审稿人角度看，比较清楚。评审看到匿名稿件，第一反应是怀疑，第二反应是质疑。反复质疑，无法推翻论文，大约有三种决定：（1）建议接受，高风险；（2）严词批评，建议修改再投，中风险；（3）建议拒稿，低风险。建议接受是高风险，是因为还有其他评审，有主编，如果他们认为文章很糟，自己建议接受，会被轻视。发表是求生存，中彩是赢得较大的生存机会。"修改再投"分档次，如果必须做重大修改，证明选刊法乎其上，要做好打持久战拉锯战的心理准备，还要做好历经磨难终遇滑铁卢的心理准备。最理想的是，主编表明收到修改稿后会自作决定（in-house decision），不假手审稿，这证明选刊准确，认真修改，十拿九稳。文章终于被接受了，是中了大奖，值得庆幸。当然，前提是投的刊物合适。如果投低了，那就相当于好货贱卖，似赢实输，似胜实败。

应对拒稿，还有一个办法，是预先准备好期刊等级，遇到拒稿，就降级，因为有心理准备，就不会太介意。投稿是试水的过程。根据五年影响因子，学术刊物排为四区，每25%为一区，第一区的前三或前五名是顶级刊物。一篇论文，起稿时面向四区刊物，越写越自信，期望值随之提高，投稿时面向顶级刊物了。这很正常。同样正常的是，绝大多数情况下，试水就是不断就下。被桌面拒稿，就下；经评审后被拒，看看评审意见，审稿人指出了硬伤，就一一改正，就下；审稿人把鸡蛋打破了，没挑出骨头，但就是不喜欢。遇到这样的情况，不必介意，继续投。从顶刊到一区末位，到二区、三区、四区。被动地跳，越跳心情越沮丧；多一分主动，少一分痛苦，甚至会有半分主宰命运的怡悦。得到修改再投的机会，试水告一段落。不要拖延，尽快修改。离投稿已经四五个月，记忆已经模糊，但眼光恢复了常态，比头脑发热时敏锐了。等待的四五个月，当然是在另写文章，但毕竟是在同一个大课题上下功夫，触类旁通，总会有点新想法。拖延太久，记忆会消失，眼光也很难恢复敏锐，修改的成本会倍增。

修改再投，事关重大。无良刊物会让作者二修三修最后拒稿，正常刊物只允许一次修改。改到什么程度呢？改到不仅完全恢复自信，还提高了自信。例如，让修改再投的是三区刊物，修改完毕，为了求稳应该再投，但同时有心理准备，再投被拒，就把文章另投到二区刊物，甚至一区刊物，绝不就下。没有这样的自信，就是还没改好。

五、被讽刺挖苦是常态

被匿名评审讽刺挖苦是常态。学术期刊采用匿名审稿制度，实属不得已而为之。主编是专家，不是百科全书式学者。理论上，组织一个各路专家组成的编委会，也能办好期刊。但每个专家都有一摊活儿，无法应付众多来稿。匿名审稿制度，无非就是请未列入编委会的专家当义工。有些期刊要求投稿者支付审稿费用，但多数期刊还没把匿名审稿市场化，仍然寄望于匿名审稿的制度设计。这个制度为义工提供了足够的回报。学者都要发表，发表需要审稿。出道之初，学者得益于当义工的资深匿名审稿；谋定生存，学者回馈匿名审稿制度，当义工帮助刚出道的新人。这是理想中的匿名审稿制度。

但是，制度再理想，也靠人运作。客观而言，学术界有三类评审。其一，眼界高，功夫高，境界高。严格而不苛求，确信作者已经尽了最大努力，确有提高，就高抬贵手。参天大树不是一两年就长成的，今天的大树是昨天的小树。设身处地，提携后辈。其二，眼界高，功夫平平，境界平平。在宽松与苛求之间摇摆，原因复杂。平心静气时基本公平，心情喜悦时宽松，情绪欠佳时苛求。其三，眼界可能高也可能低，手上功夫可能高也可能偏低，境界偏低。在严苛与苛求之间摇摆。功成名就，生怕被新锐取代；仍在谋腾达，生怕被同行赶超；焦虑不安，把小权力用到极致。还有一个不能忽略的因素是年龄。同一个学者，年轻时谋生存，急于求同行承认，自然而然地偏向严苛；中年谋定生存，安定了，不再严苛，但仍在求发展，因而也不会慷慨；中年后，不论是否功成名就，正常人都看清了自己的能力，也看清了学术界的基本布局，评审年轻学者的作品，越来越中肯，越来越慷慨。慷慨有两方面。一是贡献有创意的见解，只在乎这创见是否得到学界承认，不在意创见是否归在自己名下。二是点明后学因为功力不足遗漏的重要文献，主观上也许是向晚辈炫耀学问，提醒后学不要忘记自己的贡献，客观上是提携后进。

需要正视的是，人间有黑哨，数量很少，但无处不在，无时不有。不管制度设计得多么完备，都有漏洞可钻，都可能被利用。以竞技运动为例，跳水体操有黑哨，足球篮球有黑哨。学术界也是人间世，也有黑哨。学术界的黑哨，就是把当义工的义务变成谋私利特权的匿名审稿人。这些黑哨，利用球员当裁判的制度漏洞，打击报复竞争对手，信奉"你发表我出局"的零和主义，吹毛求疵，小题大做，甚至无中生有，含沙射影，以促使不明就里的主编拒稿为唯一目的。更有甚者，力主拒稿是打算剽窃稿件的观点。衡量学术环境的优劣，无非两个关键指标，一是制度设计是否合理，二是黑哨在学界的比例。近年来，黑哨似乎有增多的势头。

常言道：道高一尺，魔高一丈。反过来说，魔长高一丈了，道也不能不长高一尺。学术界的道，最近长高了一尺。这一尺，就是优质学术期刊开始赋予作者自保的权利。权利体现为积极与消极两方面。消极方面是可以列反对名单，声明不希望某些同行审自己的论文，给出理由；积极方面是可以列建议名单，声明希望某些学者审自己的论文，给出理由。

最后，还有几个不言自明的常态。求职失败是常态；得不到同行认可是常态；得不到系、院、校主管器重是常态；在名校拿不到长聘是常态。

保护正常生活

学者如何平衡学术与生活？把"生活"与"事业"

对立起来，"生活"指的是"可享受的生活"，要素是休闲、爱好、乐趣。"可享受的生活"不同于"正常生活"，正常生活的基本要素是衣食住行、家庭、社会责任、公民义务。

学术生涯与正常生活基本兼容。如果哪位学者觉得需要平衡学术与正常生活，除非这位学者是特异的天才，否则证明这位学者入错了行，选择了力不能及的职业生涯。

学术生涯与可享受的生活，关系微妙。观其大略，无非两点。一看个人才具。对天才而言，二者不难兼容；对中上之材来说，二者很难兼容。二看生涯阶段。对尚未做出天才成果的天才而言，二者不兼容；对已经做出天才成果的天才而言，二者兼容，前提是天才不再有负债感，不再做天才当做的事。同理，对尚未谋定生存的中上之材来说，二者不兼容；对已经谋定生存的中上之材来说，二者可以兼容，前提是不再有负债感，不再求发展。

大约四十年前，我的博士导师欧博文教授的博士导师许慧文（Vivienne Shue）教授对她的一个学生说：In this line of business, nobody can afford a weekend（一语双关，表面意思是：干这一行的，无人度得起周末）。

自己奖励自己

自己奖励自己，自己欣赏自己，也就是孤芳自赏，是学者必备的心理装备。学者必须学习，学生时代，跟老师学，也自学。在高明的老师指导和激励下，自觉的学生学会自学。变成学者后，仍然要跟其他学者学，也跟学生学，但主要是自学。自学很难。

学习分四种，难度递增。第一种，由求生本能驱动的学习，最容易，甚至显得乐在其中。婴儿学做各种动作、学说话、学走路，都是本能，人类进化数百万年，把学习这些生存本领变成了本能。婴儿学说话，学走路，需要父母亲人扶持，但学习动力是内在的。婴幼儿的学习是不自觉的学。

第二种，并非出于本能驱使，但在外力约束和外在诱惑下，不能不学。这种学习就难多了。人类训练动物，特别是马戏训练，动物的学习就是这类学习。马戏表演是不文明的娱乐方式。人为了满足自己自诩万物之灵的虚幻优越感，不认真发现并学习动物特有的生存本能，相反训练动物做超越本能的各种人的动作。训练方式是大棒加点心。动物做得不合乎人的心意，人就惩罚；符合人的心意，就给点奖励。注意，是一点奖励，不是很多。持续地给小小的奖励，是驯兽的诀窍。不幸的是，在多数时间多数地点，学校的教育与驯兽有几分相似。学校教育的使命是帮未成年人学习，特别是帮未成年人学会自己学习。人类需要学校，因为人很特殊。动物的本能足以保障生存，人类的本能不足以保障人作为人的生存。所以，人需要从事两种学习。一是本能的学习，二是自觉的超越本能的学习。学习狭义的"文明"所包含的一切，尤其是近几千年发展出的各种学问与科学，都很勉强，必须勉力为之，这些学习是完全"后天的"，对学生和教师都是勉强，勉力为之。学习动力是在社会中谋生存的压力。因此，学校很容易变成马戏团，教育很容易变成把人当动物训练。结果，学校教育往往不能培养学生的自学能力。除了少数天才儿童，多数学生在学校感到的是压力，感觉不到学习产生的成就感，也就是得不到必不可少的奖励。天才儿童也未必乐于学习，还需要遇到明师。高明的老师会鼓励学生，善于发现学生的优点，善于恰如其分地不断给学生小小的鼓励。鼓励不是夸张的褒扬，过分褒扬会刺激学生的虚荣心，虚荣心膨胀会让鼓励失效，还会刺激学生为得到老师表扬下假功夫，做表面文章。

第三种，既非求生本能驱使，也没有直接的外力约束，自觉自愿地学，是自学。这种学习最难，但也是学者必须学会的本领，必须天天练的功夫。学者的自学就是训练自己的大脑，开发自己的智力，发挥自己的智力，这种自学的诀窍也是持续不断地给自己小小的奖励。从坚持自学，到自觉自学，再到以学为乐，至少不以学为苦，训练方法与训练宠物基本相同，区别在于把自己一分为二，既是训练师，又是受训人，训练师持续给自己一点小小的奖励。为了保持奖励的连续，写作与学习不能中断，要天天写，天天学；为了得到小小的奖励，不能好高骛远，要学蚂蚁啃骨头，每天啃下一点就十分满足。比如，学外语，化整为零，各个击破。自信地用一个词，人家听懂了，自己感觉良好，就是对自己的小小奖励。练听力最难，但是，如果每天花一个小时练听力，把五分钟的听力内容分成几个小节，每个小节一两分钟，每个小节每天反复听十几遍，忽然多听懂一两个词，就是小小的惊喜。然后开始听下一个小节，再忽然多听懂一两个词。连续几天、十几天重复听，每天都有点点滴滴的进步，五分钟听力内容基本上都听懂了，也会一直保持学习兴趣。

第四，写论文最辛苦，因而最需要自我激励，最好的自我激励也是小小的惊喜。不指望一挥而就，不指望文思泉涌，每天兢兢业业地写，踏踏实实地改，比较容易不断得到小小的惊喜。本来写得不像话，慢慢改得像话了，是小小的惊喜；本来写得平淡无奇，慢慢改得有点意思了，是小小的惊喜；本来不指望天天有进展，居然天天有点进步，也是小小的惊喜。本来写得疙疙瘩瘩，别别扭扭，改来改去忽然豁然贯通了一点，是大惊喜。本来写得磕磕绊绊，连滚带爬，忽然灵光一闪，撞出一个创见的火星，是特大惊喜。特大惊喜罕见，但一个就能支撑一篇文章；大惊喜很少，每一个可以撑住一个小节；但只要小惊喜不断，文章一句句地成形，就能保持写作兴趣，不会因为毫无进展而一筹莫展，进而兴趣索然。不断有小惊喜，间或有大惊喜，写文章才能乐在其中。乐来自两个奖励源泉。一是产生新想法与写出新文字的创造愉悦，二是想象中读者的积极反应，不指望得到苛刻读者的许可，但可以期待严格而公平的读者认可。

每个人都有自己的写作习惯，无好坏之别。欧博文老师写作，从起稿就字斟句酌，一天写一个自然段就很高兴。一篇文章写很多天，每天续写，都从第一行开始修改。我没有他那样的耐心，写作习惯有点怪，但适合自我奖励，保持写作的恒心，简单介绍如下。第一，先写提要。论文还没影，写提要近乎无中生有，很难。不过，因为是空想，所以也自由，不受文章内容约束。只要有想法，似乎成立，似乎新，就写成提要。提要写好了，仿佛吃了定心丸，相信迟早能写成可发表的论文。在这个心理暗示支撑下，持之以恒从不可能变为可能。第二，快速积累草稿的字数。开始起草时，不查文献，不管语法，不怕重复，想到哪儿写到哪儿。写就是想，想就是写，动手思考。放手写，但不灌水，灌水会让自己心虚。只要文稿字数在增长，虽然明知虚多实少，沙多金少，持之以恒的心理基础也日益坚实。第三，修改文章时持淘金心态。沙石是自造的，金子也是自造的，不难分辨，不难取舍。一篇论文能否发表，不取决于金子的多少，更不取决于金子的成色，只取决于金子的有无。第一个完整草稿的篇幅往往是最后定稿的五六倍。有些话，写了，忘了；又写，又忘；反复写很多次。修改时，有那么一句话反复出现，这就是个信号，表示它就是那一小粒金子。一旦自以为找到了一粒金子，心就踏实了，持之以恒就变得自然而然。

不能无我

每天只有一个理由下真功夫，就是谋生存求发展的意识。但是，每天都有九个理由不下真功夫。每一天，每个人不下真功夫的九个理由各不相同；每个人，每一天的不下真功夫的九个理由也各不相同。一个理由能不能战胜九个理由，取决于这个理由是否强大。生存意识有两个方面，一是珍惜生存，二是有生存危机感。没有危机感，觉得天下太平，怎样活都好，那就不会努力，不会下真功夫，结果就是活得马马虎虎。

但是，对自己要留有余地，否则可能一味追名逐利，有损心身健康。学术研究是极限运动，所以艰苦努力是对的；学术生涯是漫长的比赛，所以要留有余地；身体既需要静态的维护，也需要动态的更新。可以短暂忘我，但心中不可无我。

学术生涯的三苦

杨绛先生的晚年十分不幸，苦到极点。她晚年作品的主题是"人生实苦"，对苦的描绘生动之极，对苦的思考深刻之极，表达对苦的思考微妙之极。

人生实苦，学术生涯是一种生活方式，自然少不了苦。苦有多少？数不胜数，兹列三种最常见的。

（1）做不出真学问。

（2）做不出有个人特色的真学问。

（3）不能持之以恒地做出有个人特色的真学问。

学界的人都很聪明，知道什么是真学问，什么是假学问。情愿做假学问，甚至欣然与撒旦成交，有乐无苦。选择做真学问，是苦的开始。做不出真学问，是大苦。

学界的人都聪明，聪明人原本都有些特色。但是，教条化学术训练，压力型考核体制，让很多学人失去特色。一旦失去特色，重新培养特色简直像把脱掉的头发重新长回来。饭碗端牢了，但做不出有个人特色的真学问，是中苦。

学术生涯是淘汰赛，竭尽全力，连滚带爬，不出局就是成功。不刻意为发表而发表，不屑于单纯做文章而不做真学问，就守住了学者自尊的底线。但是，守底线有代价，就是发表的量可能偏少。关键年份不巧偏低，又不幸遇到只会数豆子的主管，就会遇到麻烦。不过，这是小苦。

苦乐相通，战胜了苦就是乐。苦与烦是常态，如乌云；欣与喜是火花，似闪电。灵光一闪的欣然有底气，如微甘的苦茶，能长久滋润焦渴的心灵。知道这一点，有助于保持积极主动的心态，耐心应对日常的苦，把苦的压力转变成创新的动力。勤奋加天分加运气，真学问可望也可及。迟到胜于不到，做出有个人特色的真学问，一两黄金胜过十两白银。

人类心理的三大弱点

心理学家卡纳曼（Daniel Kaheman）认为人类的心理有三大弱点。

（一）过分自信。无论做了什么，都相信自己一贯正确。这个信念不是依据专业知识，而是依靠自圆其说，逻辑自洽。牢记人类有这个共同弱点，就能自觉地找平衡。一方面努力做好自己能做好的事，另一方面承认有很多自己不能控制的东西，承认成功有运气成分，承认失败有不走运的成分。成功了，承认自己幸运，不要认为成功完全是自己的功劳。这样想，就会有同情心，同情不成功的人，不有意无意地看不起他们，更不过分指责他们。失败了，也不会过分自责，屡败屡战，直到时来运转。

（二）目光短浅，视野狭窄。牢记人类心理有这个弱点，遇到重要事情，不要急于做判断，做决定，要慢下来，启动心灵的第二系统，即理智思考，认真权衡得失。看到吸引眼球的事，不要让心灵的第一系统作主，也就是不要跟着直觉跑，这样就可以少上当，有利于保护自己的心情和情绪。

（三）习惯做事后诸葛亮，然后不自觉地把后知后觉记为先知先觉。先知先觉很难，后知后觉也很难，不下意识地把后知后觉改头换面为先知先觉最难。牢记人类心理这个弱点，遇到事，要问希望发生的事为什么没发生，不要问不希望发生的事为什么发生了。不要过分解释不能解释的东西，不要勉强预测不可预测的东西。

前两个说法不难懂，第三个道理有点深奥，话也有点绕，细细琢磨，挺有道理。

抑郁症的诊断与治疗

抑郁症是隐形的常见病，典型症状如下。（1）感到压力巨大，无法承受。早上醒来，不是精神饱满地面对新的一天，而是觉得疲惫沮丧，眼前仿佛有座大山，绕不开，攀不上，只想用被子蒙上头，干脆不起床。偶尔出现这种情况，问题不大。如果持续几天、几周，甚至几个月，就是抑郁症的症状。（2）食欲与体重发生不同寻常的变化。一些抑郁症患者食欲不振、体重减轻，另一些食欲亢进、体重增加。（3）睡眠紊乱，多数患者睡不好，无法入睡、睡不长、夜间常醒、早晨醒得早，感到疲劳。也有的抑郁症患者嗜睡，但不论睡多少，醒后还是感到疲劳。（4）注意力紊乱，无法集中注意力看书、看电视、进行日常对话。（5）犹豫不定，下不了决心，一会儿想这样，一会儿想那样；这样也不行，那样也不行。苦思冥想，思想循环往复，总感到悲观，觉得自己生了病、欠了债、没有价值、有罪过、很渺小。常常自责，甚至产生轻生念头。（6）身体疼痛，比如背痛、头痛，然而常规检查找不到病灶。（7）消化不良、心悸、眼前发黑，胸部灼热刺痛或发闷、有幻觉。

以上是单纯的抑郁症的典型症状，还有双相抑郁症，亦称躁郁症，就是时而抑郁，时而亢奋。亢奋时躁动不安，高度兴奋。有的双相抑郁症患者在亢奋时能爆发巨大的创造力。据说贝多芬就患有双向抑郁症。不过，也有些患者亢奋时像停着不动然而引擎高速运转的汽车，觉得能量满满，但无法做任何事。

抑郁症有遗传基础。不过，遗传了抑郁症倾向，并不一定发病。如果在合适的环境中成长，有合适的人陪伴，一生幸运，不遭遇过多挫折，就不会发病。抑郁症的高发年龄是 15 岁到 30 岁。发病机制是长期陷入困境，无力解决这些问题，觉得自己是命运的玩偶，越来越深地陷入慢性压力，慢性压力会损坏脑细胞，直至破坏大脑的海马体。我们必须靠海马体才能集中注意力，才能做计划，统筹盘算，海马体受损，就是罹患了抑郁症。

抑郁症是疾病，必须客观面对，不能讳疾忌医。正确认识抑郁症，才会正确对待不幸罹患抑郁症的人。既然抑郁症是病，就不要误以为抑郁症是意志薄弱。拍拍抑郁症病人肩膀，鼓励两句：不要紧，很快就会好；或者说：振作起来！不仅毫无帮助，还会适得其反，加重患者病情。这样做，用心良好，但会让患者觉得你不明白他们的处境，不重视他们的病情。抑郁症患者曾经努力过，但做不到，听了这种鼓励，感觉会更差，更觉得自己渺小、软弱、无力。

抑郁症是可控的，也是可治的。心理治疗行之有效。治疗师一般会设法说服患者，让他们相信自己能解决遇到的问题。比如，说服患者放弃"这也不行""那也不行"的想法。心理治疗师可以帮患者认识到，他们脑子中反复盘旋的只是他们内心的生活，不是他们所处的客观环境，他们不是没有能力适应环境。如果心理治疗方法对头，患者反复锻炼，就能提高自我控制的能力，从而缓解和应对生活、学习和工作中遇到的压力。患者感到越来越能控制自己，能掌控自己的人生，就会逐渐克服抑郁症。

药物疗法也很重要，抗抑郁药的疗效机制是重新唤醒海马体中因为压力而失灵的脑细胞，从而修复海马体。需要注意的是，抗抑郁药的效果因人而异，找到合适的药物，摸索合适的剂量，都不是一朝一夕之功。另外，对症也有效的抗抑郁药需要一段时间才开始有效，而且一开始会有明显的副作用。

总而言之，抑郁症是病，不是意志薄弱，一方面改善生活条件，另一方面积极采用心理疗法与药物疗法，就可以有效缓解和控制抑郁症。

（本文根据网上的德语视频资料编译写成。）

第十八讲
科学认识睡眠

有位朋友说："起床第一个念头总是计算睡了几个小时，然后自责怎么又睡了这么久。睡眠这件事好难做到心安理得。"估计不少勤奋的人有这样的感慨，但这感慨源自对睡眠的偏见。

偏见害人，害人最深的偏见是认为睡眠可有可无，甚至认为睡眠是浪费时间。20 世纪 80 年代，我在南开大学读哲学，欧洲哲学史教材中就有不少这样的偏见。比如，谈到德国哲学家叔本华，必给他贴上"唯意志论"的标签。看看他在《人生智慧箴言》中谈睡眠的话，就知道这标签有多荒唐："我们要给大脑充分的睡眠，这是它恢复活力所必需的。睡眠之于全身，正如上弦之于钟表。"

关于睡眠的偏见危害深远，于今为烈。有些地方，某些时候，颂扬伟人，少不了渲染他们睡得少；歌颂烈士，只说他们不眠不休多少小时，闭口不提拼搏送命实属愚昧。关于睡眠的科学发现，远未普及。我看了几位德国科学家关于睡眠的研究，叙述如下。

什么是睡眠

科学家至今无法确定究竟什么是睡眠。不过，人人都有睡眠经验。眼皮沉重如铅，疲倦铺天盖地，我们就沉睡，或长或短，不分场合，不论时间。尽管有些人吹嘘每天只睡很少几小时就行，绝大多数人还是会把一生的三分之一花在睡眠上。表面看，我们睡觉时什么也没做，其实我们很活跃。有时，我们的大脑在睡眠时比清醒时还活跃，这反映在能量消耗记录上。我们睡眠时的基本能量消耗与清醒时几乎相同。

大脑是清醒还是睡眠，由神经递质调节。组织胺（Histamin）与某些受体对接，我们就处于清醒状态；褪黑激素（Melatonin）与这些受体对接，我们就睡觉。如果我们特别紧张，大脑就会分泌过多的压力激素（亦称"皮质醇""可的松""压力荷尔蒙"），它们占领了那些原本应该与组织胺对接的受体，褪黑激素几乎没有机会与那些受体对接，大脑就无法进入睡眠。

人是昼行动物，百万年进化，使人的睡眠与白昼的更替自然对应。夕阳西下，天色渐暗，大脑的松果体就开始分泌褪黑激素（按：褪黑激素就是某电视台做了 20 年虚假广告的"脑白金"）。褪黑激素令我们感到疲劳，让人感到瞌睡，反应变迟缓。褪黑激素也影响我们的情绪，血液中褪黑激素含量越高，我们越郁闷。

　　睡眠的主要功能是让大脑修复自身，也让身体修复自身。我们入睡后，大脑就开始忙于照顾它自己。脑电图显示，人入睡后，快速脑电波渐渐消退，缓慢的脑电波开始出现，这标志着身体已经放松。

　　睡眠过程大体分为四阶段，入睡、浅睡（轻度睡眠）、深睡（深度睡眠）、梦睡（眼睛快速运动的有梦睡眠），这四个阶段组成一个循环，每个循环持续大约90分钟，每个晚上循环4到5次，次数取决于睡眠时间长短。多数成年人的夜晚从23点开始，前半夜有两三个深度睡眠期，中间交叉四五个做梦期，做梦期每隔90分钟出现一次，随着夜晚推移，做梦期越来越长。做梦时，血压升高，心律加速，大脑的部分皮质是清醒的。梦境一般比现实生活更生动，因为逻辑与分析的检察官被赶走了。做梦的重要功能是保持情绪平衡，日有所思，夜有所梦，梦是一种宣泄。眼球运动速度减缓，脉搏频率变快，意味着进入了深度睡眠。深度睡眠期集中在一夜之始，这是因为大脑最需要深度睡眠，最需要的，最先得到。即使后面的睡眠受到干扰，我们也能得到深度睡眠。大约凌晨3点，肾上腺皮质激素（亦称压力激素、可的松）水平开始上升，重新主宰身体，让器官活跃起来，睡眠开始变轻。

　　睡和醒是个周期，控制这个周期的是大脑松果体中的一个岗哨，即视交叉上核（suprachiasmatische Nukleus，简称 SCN），它的下面交错着视觉神经。视交叉上核观察环境，决定应该制造多少褪黑激素。早晨的阳光落到紧闭的眼睛上，瞳仁中的一些受体把光信号传送给视交叉上核，视交叉上核通知松果体，松果体随即停止制造褪黑激素，睡眠随之变轻，人慢慢清醒。与此同时，令我们感到疲劳的免疫系统受到抑制，免疫系统的复原功能随之降低。早晨醒后，最好再躺一会儿，因为大脑的各个部分并不同时醒来。

每个人需要的睡眠时间并不相同，长短主要由基因决定。有的人睡了 8 小时，醒来后心情很差，因为还没睡够；有的人只睡 5 个小时，就能愉快地开始新的一天。一般来说，成年人平均每天睡 7 小时，但是加减 2 个小时也完全正常。基因不仅决定睡眠时间的长短，也决定作息习惯，有的人更容易成为百灵鸟（早上工作效率高），有的人更容易成为夜猫子（夜晚工作效率高）。不过，基因只在一定程度上决定睡眠习惯，生活环境也发挥着不可低估的作用。

睡眠的三大功能

睡眠发挥三个至关紧要的积极功能：维护身体健康，造就长久记忆，玉成创新思维。

睡眠维护身体健康。人体是自我维护的有机体，白天损耗的，夜间一一修补。睡眠为身体补充能量。食物在胃里预消化大约四小时后，肠子才正常活跃起来，完成消化吸收过程，这终端消化是睡眠时完成的。睡眠也修复身体。免疫系统只有在我们睡眠时才正常工作。正因如此，我们生病时，免疫系统通常会迫使我们睡觉。睡眠中，大脑把免疫系统调整到最新状态，令其释放诸如细胞激素这样的神经信息介质，消灭入侵的病菌，让伤口愈合。我们的睡眠绝对不能少于 5 小时，原因是，免疫系统需要整整 5 小时才能全部清除被杀死的病菌，形成对抗原、病毒、细菌的长久记忆，制造足够的新抗体。睡眠不足，不仅令人紧张，也让人久病不愈。最重要的是保证足够的深度睡眠。深度睡眠中，大脑制造生长激素，生长激素促使儿童发育，让成年人身体更新。

睡眠造就长久记忆。白天收集到的信息，首先储存到海马体中，我们睡眠时，不再接受新信息，海马体把储存的信息输送到新皮质，信息在那里分门别类，最后保存起来。这是脑科学研究的新发现。科学家从前认为，睡眠在形成长久记忆上扮演被动角色，只能帮我们减少遗忘。我们接受某种东西，例如学了生词，一开始对这些词的记忆痕迹还比较脆弱，所以我们必须睡眠，不让后来获得的信息把前面学的东西完全覆盖。科学家最近发现，对形成长久记忆而言，睡眠并非只发挥被动的保护作用，而是扮演很主动的角色。用简单的语言说，我们白天接受信息，是把它们放在一个缓存区。晚上睡觉时，这些信息中的某些内容在脑神经层面被重新激活，无关紧要的被清除，重要的进入长久记忆体。科学研究证明，爆发式的学习，例如学一整天，效果不如把同样的学习材料和投入的时间分散在一个星期。分散式的学习不仅效果更好，也更持久。

睡眠玉成创新思维。很多人有这样的经历，晚上带着一个问题睡觉，醒来时已经能解决这个问题，这是睡眠的功劳。睡眠时，被存放在暂时记忆中的某些信息和新体验被转移到长久记忆中。但是，这转移并不是一对一地拷贝。在转移过程中，这些信息不仅仅被重新激活，还会被从根本上过滤筛选。睡眠中，大脑把信息要点抽取出来，然后把筛选出的要点存储在长久记忆中。信息从短期储存转移到长久记忆的过程是个质变过程，信息在长久记忆中再现时，它们的组织方式会发生变化，这个转变过程能让我们看到问题的要点。我们先前看不到问题的某个结构，睡醒后能比较清楚地看到这个隐藏的结构，从而也就看到了解决问题的路径。

创新思维就是灵感。我们长时间聚精会神思考一个问题，会产生一些新思想片段，但这些碎片并不构成一个想法。要形成逻辑一贯的想法，必须把思想碎片分门别类，还必须把碎片之间的关联找出来，理清楚。比方说，我们清醒时，大脑产生了四个碎片，但既没有标签，也没有关联。睡眠时，大脑给四个碎片分别标上A、B、C、D，排列成 A->B->C->D，从 A 到 B，然后到 C，再到 D，原本散乱的思想碎片就变成了逻辑贯通的想法。睡醒后，不定什么时候，这想法像火花一样闪现，就是灵感。

睡眠障碍

我们今天知道的平均夜晚睡眠时间，并不是自然产生的。在 19 世纪开始的工业化之前，人类基本上都是睡一个完整时段，或长或短。那时，没有人能理解因为被鸟吵醒而生气。醒了就起床，开始一天的工作。此外，那时人人起得早，人与人的交往也遵守与今天不同的节奏。一大早，邻居过来，聊几句，送一篮子鸡蛋，不是什么非同寻常的事。疲劳再度袭来，就伸个腰，放下手头的活，回到床上睡回笼觉。现在的睡眠习惯，是因为新兴工业中心的工厂昼夜运转，作为生产要素的人必须服从工业化，从此睡觉要讲效率，睡眠时间从一整段变成了一小块。人为规定的睡眠会导致不良后果。倒班工人的疾病统计数据可以显示这不良后果。一周白天睡，另一周晚上睡，会连续受时差困扰，患癌风险增大，植物神经紊乱，容易患肠胃病，紧张焦虑，发生睡眠障碍。

在这个时代，生活节奏快，越来越多的人不得不与睡眠障碍搏斗。受困的并非只有老年人，年轻人也一样深受其害。最常见的睡眠障碍是入睡困难和不能睡通宵，常见的原因有两个，一个是我们所说的工作压力，白天负担过重，压力延续到该睡眠的时间，无法摆脱。情绪紧张，心理压力大，令人难以入睡，难以睡稳。另一个因素是睡眠环境。

睡眠障碍危害身心健康。身体方面，睡眠障碍可能导致肥胖症、糖尿病。睡眠不足会让胃分泌更多饥饿激素（Ghrelin），饥饿激素的浓度提高 30%，会让人产生更强的饥饿感。睡得太少，疲倦不堪。不眠之夜消耗了能量，身体要在早晨补充能量。睡眠不足的人，早晨饥肠辘辘。一项研究发现，如果晚上只睡 4 小时，早上会饱餐一顿。相比之下，睡 9 个小时的人早餐吃得比较健康，平均少吸收 300 卡路里，相当于半条巧克力产生的能量。睡眠不足令人白天懒洋洋，从而减缓消耗身体中储存的能量。相反，睡眠充分的人白天运动较多，从而消耗更多能量。一夜无眠后，身体显然提醒自己要保护自己，因此开始使用储备的能量。但身体其实并不想这样做，不仅如此，身体还想尽量节约能量。相反，睡眠充分的人消耗了更多储存的能量，以体温方式散发掉。体内的饥饿激素多了，我们会感到无法抵御的饥饿感。

失眠甚至会干扰身体的整个能量代谢系统。我们的研究表明，随着缺乏睡眠现象越来越普遍，它可能已经成为导致常见病的风险因素，甚至可能与诸如运动太少这样的传统健康风险一起，导致诸如心血管疾病、糖尿病这样的常见病越来越普遍。心理方面，长期入睡困难或不能睡通宵，如果得不到医治，会导致抑郁症。此外，严重缺乏睡眠会降低工作效率，降低专注力，交通事故的统计数据能证明这一点。恶名昭彰的微睡（秒睡）是导致交通事故的最主要原因，致命的货车交通事故中，19%是由于司机过劳。

怎样判断自己是不是得了需要医治的睡眠障碍呢？第一，晚上睡眠出现问题，入睡需要超过一小时，晚上经常醒来，醒后难以入睡。如果是自己醒，不是被吵醒，那么不能连续睡，并不影响睡眠质量。不断醒来，一般是因为早上要在固定的时间起床，担心睡过头。如果是这种情况，不妨早点睡。第二，工作能力和健康状况明显受到影响，持续感到疲惫、注意力无法集中、晕眩。第三，这种状况持续至少 4 周，并且每天晚上都出现。

如果这三方面状况都出现了，就应该去看专科医生。不过，如果偶尔一个晚上无法入睡，不必惊慌。认为自己必须每晚一觉到天亮，是错误的想法。晚上醒来，甚至晚上经常醒来，完全正常，不必多想。关键是，一个晚上睡不好，没什么影响，白天一切正常。最重要的是不要因为一个晚上睡不好而烦恼。由于睡不好而烦恼，最不健康，因为烦恼会让人无法正常睡眠。

睡眠的王道是放松

关于如何改善睡眠，专家提了八项建议。第一，认识自己，确定自己每天需要睡几个小时。每个人需要的睡眠时间不能一概而论。不要主观断定自己必须睡几个小时。成年人每天睡眠时间平均是 7 小时，但加减 2 个小时都属于正常。也就是说，正常的范围是每天 5 小时至 9 小时。一般来说，年轻人需要的睡眠时间长，老年人只需要很短的睡眠。从事脑力劳动的，不少人每天睡10 小时，爱因斯坦是其中最著名的一位。睡眠正如一切好东西，过犹不及，睡得太多也不健康。所以，必须确定自己每天究竟需要睡多长时间。忙于生计的人难得有机会睡到自然醒，因而也就很难确定自己每天究竟需要睡多长时间。为了确定自己究竟需要多长时间睡眠，最好的办法就是利用休假，睡时不定闹钟，睡到自然醒，看看自己究竟需要睡多长时间。我上大学时看到同学们少睡多学，心感不安，曾尝试少睡，碰得头破血流后，改弦更张，听其自然。除非绝对必要，睡不着就不睡，睡着了就睡到自然醒。生存竞争的压力让我感到不安，于是就精简生活，压缩非必要时间开支，以求安心。睡到自然醒，相当于把钟表上满弦。有时为了趁热打铁，突破难关，会一夜无眠，但次日一定补觉。

第二，睡眠的王道是放松，正确认识睡眠有利于放松。关于睡眠，有很多错误观念，错误观念产生的错误期待会影响睡眠。晚上常常醒来，有人认为不正常，大惊小怪，其实完全正常，知道这一点，就不会因为常醒感到不安。自我放松不那么容易，但我们应该探索一下，看哪种方法对自己有效，什么方法能让我们精神放松。影响睡眠的紧张是白天产生的。白天要留意张弛有度，经常短暂休息，这样，晚上就比较容易安定下来，进入无思无虑的状态。为了晚上放松，白天要努力工作。"勤劳一日，得一夜安眠。"白天把该做的事都做了，不拖延，不浪费时间，晚上休息时，心安理得，不会焦虑。

第三，适量运动。白天身体疲劳，有助于晚上更好地休息。运动的积极效果是身体会释放抗抑郁的多巴胺与血清素等快乐激素，同时能降低压力激素。运动时身体会活跃，这样可以关闭心神，很多人需要进行运动才能停止思考。散散步就有帮助，不过，要注意，做运动的时间不能太晚，身体太兴奋，我们就不容易睡着。睡前3小时最好就不要再做运动。

第四，饮食有度。晚上不要吃得太晚，睡前3小时停止进食。胃太满，胃太空，都不利于睡眠。晚饭不要太丰盛，不要过量，不要吃难消化的肉类或奶酪，多吃蔬菜。晚饭大鱼大肉，特别是吃牛肉，通常睡不好。最好晚上6点后不喝咖啡，不抽烟。睡前不要喝酒。酒精干扰睡眠周期，增加浅睡眠和有梦睡眠，减少深度睡眠，而深度睡眠对身体复原至关重要。

第五，创造良好的睡眠环境，一要静，二要暗，三要凉。在卧室创造一个舒适氛围。睡前把窗子打开一会儿，让空气流通，然后把窗子关紧，不要留缝，避免噪音干扰。卧室窗帘要厚，颜色要暗，遮挡室外的光线，保持卧室幽暗，刺激大脑进入夜间模式，分泌睡眠激素。接触过多光线，或者接触强光，身体就不会进入夜间休息状态，会像在白天一样保持紧张兴奋。理想的卧室温度是16—18度，不论是觉得冷还是觉得热，身体都不易安定。

第六，保持起居节奏，睡眠时间尽量固定不变，晚上有个明确的休止时间。人是恪守习惯的动物，身体有一定的节奏，顺应节奏有助于睡眠，打乱节奏影响入睡和睡眠质量。午睡能为繁重的工作日程创造良好的节奏，如果有条件，应该午睡。午睡长短因人而异，一般半小时，睡得长证明需要睡眠，只要不影响晚上入睡就没问题。为了强化起居的节奏感，可以建立并恪守入睡仪式。这能帮助我们提醒自己，过了某个时间就不再操心、不再讨论白天的工作。睡前走同样的程序，喝点酸奶加蜂蜜，静坐冥想片刻，歪在沙发或床头上看会儿书，可以启动身体进入放松模式，给大脑发信号：一天结束，该睡觉了。如果选择看书，记住看熟读的书，什么书都行，武侠小说也行，但务必是熟读的。无法入睡，不要在床上僵卧，应该起来做点轻松的事。

第七，写烦恼日记。人人都有需要操心的事。有心甘情愿的操心，比如照顾子女、养护宠物，令人感到充实愉快，不是负担；也有不心甘情愿然而不得不为的操心，例子比比皆是，这些操心就是烦恼。烦恼过多，躺在床上，脑子想白天要操心的各种烦恼事，就难入睡，睡着了也难睡实。烦恼事对睡眠的影响是双重的，烦恼事本身令人烦恼，担心耽误烦恼事更令人烦恼，比如担心早晨起不来，担心忘记必须及时处理的烦恼事，比如上课。凭脑子记，总觉得不放心。这时，不妨准备个笔记本，把操心事记下来，把悬而未决的问题列出来，把挥之不去的所思所想写下来，边写边分析，也许能想出处理烦恼事的妥善步骤，分析出忧虑的深层原因。即使只记流水账，也能产生心理暗示，相信自己已经着手处理烦恼事。思绪理清了，心情就会安静很多，养精蓄锐，静等明天处理烦恼事。

第八，人力不能胜天，人力不足时，必须靠外力协助，药物就是关键的外力。不过，是药三分毒，用药宜缓不宜急。首先不妨试试草本助眠品，比如缬草，它有助于缓解轻度的睡眠障碍。草本助眠剂不需要处方，巨大优点是没有副作用，不会产生药物依赖，草本茶和有助放松的茶也有效，能应付轻度睡眠障碍，也能预防睡眠障碍。但是，如果患了严重的睡眠障碍，就需要服用处方药。安眠药有效，生理机制相同。安眠药会清扫大脑中被压力激素占领的受体，然后占领这些受体，从而让人迅速入睡。但是，正因为这些化学药物有立竿见影的功效，一旦服用，就很难摆脱，就难免遇到副作用，形成药物依赖，甚至会对药物上瘾。如果停止服药，就会再度面临失眠的痛苦。此外还有一个问题，就是通常说的耐药性。大脑会长出新受体，必须加大安眠药剂量，药物才能奏效。为了防范医生误诊，患有睡眠障碍症的人要自己负起责任，留意药效。要留意医生说什么，做什么。如果对疗效不满意，比如三个月不见改善，就该考虑换个医生，或者看专科医生。

有些抗抑郁药能克制长期睡眠障碍，这些药会产生精神方面的副作用，但不会让身体出现安眠药依赖。专家普遍认为最好尽量避免服用强力安眠药。不过，安眠药的效果因人而异。据中国新闻网报道，季羡林先生96岁时，对记者说："睡觉还得靠安眠药，我从上学就吃安眠药，已经吃了70年，脑子没吃出毛病，现在也不糊涂。"人与药，也看缘分。

睡眠之于全身，正如上弦之于钟表

睡眠不足，就没有健康生活，当然更没有高效工作。事实是，匮乏是人类的命运。食物匮乏的时代，营养不良是常见病；物质丰富的时代，睡眠不足是常见病。因为常见，所以要加倍提防。无祖荫可依，无天才可恃，中人之材，不妨追求顺时而生，努力逆势而为。顺时即顺乎自然。不眠不休是逆天，少眠少休是欺天。顺时而生，才有体力心力逆势而为。要从事创造，必须有相应的体力与心力。体力与心力都离不开充分的睡眠。自然入睡，睡到自然醒，是幸福的首要标志。

"物竞天择，适者生存"，严复先生用八个字总结了达尔文的进化论。为了适应环境，所有的动物都要认识自然。人类的独特之处，是在认识自然方面远远超过了求生存的需求，创造了科学。但是，从一开始科学就要与常识竞争，尤其是与常识中的偏见斗争，这场胶着的战争会一直伴随人类。

愿关于睡眠的科学认识早日战胜偏见。

（本文根据网上的德语视频资料编译写成。）

第十九讲
生物钟与健康

生物钟

顾名思义，生物钟是生物的计时机制，类似钟表。不过，这个理解不准确。虽然钟表是圆的，但它标志的是类似一条直线的时间。例如，上午看到钟表显示 9 点，我们的观念是离中午还有 3 小时；晚上看到钟表显示 9 点，我们的观念是离午夜还有 3 小时；3 小时就是 3 小时，但这两个 3 小时对每个人生理的意义完全不同。生物钟指的不是直线型的时间，而是生物（植物、动物、人类）的时间节奏，节奏是波浪和循环，不是一条直线。例如，春华秋实是植物的生物钟，秋去春回是候鸟的生物钟。人也有生物钟，日出而作，日入而息，就是人类在传统社会的生物钟。

18 世纪法国天文学家让–雅克·德奥图·德梅朗（Jean-Jacques d'Ortous de Mairan）最早观察到生物钟现象。他的办公室有盆含羞草，他偶然注意到，含羞草的叶子早晨准时舒展，傍晚准时闭合。一开始，他猜想这是受日出日落的影响。为了验证这一想法，他把含羞草放进见不到阳光的书柜里。进一步的观察显示，书柜里的含羞草叶子照样准时展开与闭合。于是，他提出一个假设，认为生物自带计时机制，从而成为时间生物学（时间节奏生物学）的奠基人。2017 年，美国科学家杰弗里·霍尔（Jeffrey C. Hall）、迈克尔·罗斯巴什（Michael Rosbash）与迈克尔·杨（Michael W. Young）赢得诺贝尔生理学或医学奖，获奖成果就是关于生物钟机制的研究。

人的生物钟

20 世纪 60 年代到 80 年代，德国科学家做了著名的地堡实验，证实人类有生物钟。科学家建造了地堡，地堡每个房间都有舒适的生活设施，只是不见阳光，也没有任何计时设备。房间由一米多厚的墙壁隔开，志愿者彼此无法沟通。实验人员通过闭路电视观察志愿者的作息，但不提供任何时间信息。工作人员送生活用品时，不与志愿者打照面。志愿者在反锁的房间中度过几周甚至几个月时间，作息完全自己做主。实验持续了 10 年，共有 400 多名志愿者参加。实验证明，人类不需要钟表和任何时间提示，也能过有节奏的生活，每天平均 25 小时，大约 1/3 时间睡觉，2/3 时间清醒。

关于人类生物钟的研究主要有三组发现。首先，每个人都有独特的生物钟。人体有40万亿—60万亿个细胞，每个细胞都有自己的生物钟。有些人的生物钟启动早，走得快；有些人的生物钟启动晚，走得慢。人类的生物钟类型构成一个正态分布，两个极端分别是"百灵鸟"型和"夜猫子"型。"百灵鸟"是少数，醒得早，睡得早；"夜猫子"也是少数，醒得晚，睡得晚；多数人居中，不特别早，也不特别晚。"百灵鸟"的特点是早晨感觉良好，精力集中，一天略少于24小时。相反，夜猫子的生物钟走得较慢，晚上清醒，早晨起床难，上午萎靡不振，一天长于24小时。

其次，三大因素影响生物钟。决定一个人生物钟的内因是20个基因，影响生物钟的外因是阳光。人类是昼行动物，白天活跃，这是因为阳光调节人的生物钟，让生物钟与日出日落保持同步。阳光影响生物钟的机制很复杂。大脑中的松果体有个叫作视交叉上核的区域，类似于身体中众多生物钟的灯塔。眼睛接触到阳光，瞳仁中某些受体把光信号传送给视交叉上核，视交叉上核再把信号发给所有生物钟，校对它们的时间。影响生物钟的第三个因素是年龄。儿童一般是"百灵鸟"，睡得早，睡得实，早上起来欢天喜地，白天生龙活虎。老人表面看也是"百灵鸟"，其实不然，睡得早，但睡不实，睡不了通宵，白天爱打盹。特别值得注意的是，所有哺乳动物进入青春期都会成为典型的"夜猫子"，人也不例外。所以，我们不要对青少年晚睡晚起有偏见，误认为他们贪玩贪睡，应该承认这是他们的生理构造决定的，不以他们的意志为转移。考虑到青少年的生理特点，中学和大学规定的上课时间显然太早，违反青少年的生物钟。即使学生勉强起床上学，头两节课的学习效果也很差，因为大脑还处于深夜睡眠状态。如果青少年因为必须早起而睡眠不足，会严重妨碍大脑处理和记忆白天接收的信息，影响学习效果。

最后，生物钟几乎影响我们的全部身体机能。它决定我们什么时候睡眠，什么时候清醒，决定我们是否能轻而易举地早早起床，也影响我们起床后能否轻松进入有效工作状态。不仅如此，生物钟还决定我们血压的变化，决定我们体温的变化。我们的心、胃、肝等重要器官的运作都有时间性，生物钟协调各个器官的运转。如果我们干扰生物钟，不按照它生活，就会伤害健康。

顺时而生

健康的生活方式是按照自己的生物钟作息，但现代社会的很多方面妨碍我们这样做。由于发明了电灯，我们经常把黑夜变成白天，把白天变成黑夜。很多人是逆着生物钟生活，工厂实行倒班制，企业家要国际旅行，航空公司的机组人员和乘务人员要跨时区飞行，他们必须经常调整生物钟。此外，越来越多的人在室内工作，接触阳光不足，结果生物钟被调得很晚，然而上班时间不由自主，结果只能晚睡早起。这导致一连串问题。生物钟晚意味着睡眠晚，入睡晚意味着必须在生物钟指定的起床时间之前起床，也就是早晨要靠闹钟起床。被闹钟惊醒不仅十分难受，还经常导致睡眠缺乏，睡眠不足妨碍免疫系统的自我修复。还有，工作日缺乏睡眠，周末就必须多睡，设法弥补睡眠赤字。如果不弥补，睡眠赤字就不断积累，这样就产生社会时差，也就是生物钟时间与社会生活规定的时间不一致。社会时差不仅明显影响白天的工作效率，还会诱发很多疾病，除了常见的睡眠障碍，还有糖尿病、肥胖症、心血管疾病。德国科学家发现，没有社会时差的德国人，吸烟者大约占百分之十；社会时差达到 3 小时至 4 小时的人，吸烟者占百分之六七十。这无疑是个重大差别。造成这个差别的一个原因是有严重社会时差的人试图通过吸烟减轻压力。

人类的生物钟有一定的调节余地，主要靠眼睛接受阳光，以阳光校正生物钟。"百灵鸟"若想把生物钟调晚，可以下午多接受阳光照射。相反，"夜猫子"若想把生物钟调早，可以上午多接受阳光照射。现代城市生活的突出缺点是接触阳光太少。生活中缺乏阳光，不仅导致生物钟失调，还会诱发抑郁症。在户外运动或散步是补充阳光的最佳方式，即使是阴雨天，户外的亮度也远远高于室内灯光的亮度。阳光让年轻人心情愉快，能改进老年人的睡眠质量。

人是生物

人是生物，每个人都有独一无二的生物钟，要保持健康，每个人都需要了解自己的生物钟类型，从而在生活中与它保持一致，顺时而生。人不能胜天。听天由命，大脑不活跃，说明它的生物钟还没醒，不能急，只能耐心等它慢慢醒来，慢慢预热。要紧的是，大脑好不容易高速运转起来了，那是黄金时间，要妥善保护，充分利用，顺势而为。

（本文根据网上的德语视频资料编译写成，发表在《养生大世界》2020 年第 5 期。）

第二十讲
与徐轶青、林声巧的对谈

怎样保护自己的黄金时间？

徐轶青（以下简称徐）：每周工作七天，我觉得挺难的。每天都想找个时间集中精力写作，但总是会被事情打断。

李连江（以下简称李）：所以每个人都得保护自己的时间。

徐：我要是有十封二十封邮件，很难忍住不去处理。

李：我告诉你个诀窍：不要把别人的事太当回事。不把别人的事太当回事，前提是不把自己太当回事，你把自己太当回事，认为可以帮人家解决问题，就忍不住。如果你知道做了白做，或者接近于做无用功，就不着急了，反正是无用功，什么时候做不一样？

为什么从专心做学问到分心谈方法？

徐：大家好，欢迎参加我们这次活动，我是徐轶青，目前是斯坦福大学政治系的助理教授。我今天非常有幸请来了两位好朋友，一位是亦师亦友的李连江老师，一位是林声巧。声巧是得克萨斯大学奥斯汀分校政府系的博士生，李老师是香港中文大学的教授。做中国研究的，可能知道李老师。我讲个插曲，两年前我去参加墨宁（Melanie Manion）老师组织的关于中国研究的务虚会，参加者基本上都是在美国任教做中国研究的学者。会前，墨宁老师要求大家总结一下，看看过去几十年中国研究领域哪些问题有共识，哪些还没有共识，还需要研究。共识很难找，大家没有特别一致的意见。但是，很多学者提到，有两个东西可以算有共识，一个是"依法抗争"（rightful resistance），这是欧博文教授和李老师的共同成果。另一个是差序信任（hierarchical trust），就是中国民众对地方政府的信任比对中央政府的信任程度低。不少学者做了相关研究，但"差序信任"这个说法是李老师提出的。最近几年，李老师出版了《不发表就出局》《在学术界谋生存》《戏说统计》等很受欢迎的著作，分享他的研究心得。他也在微信公众号"在学术界谋生存"上推送了不少文章。我不久前读了《不发表就出局》，看到李老师说，学者讲方法证明自己不做学问，不做学问了才教别人做学问。我知道这是老师自嘲，但看了后非常汗颜，因为我挺喜欢跟大家讨论学术研究方法。我们先请李老师讲几句，然后请他给年轻学者提些建议。

李：谢谢轶青。今天我们就是聊聊天，周末放松一下，不要对我抱什么期望。你们有问题就请提，我能答就答，但我估计大部分问题我答不了。我可以用一句话作开场白，就是轶青刚说过的，谈研究方法是很无奈的事，如果自己还能做研究，想不到去谈方法，自己做不动了，想告诉别人怎么做，说这样做比较有效。但是，这样说没用。第一，人家不会听。第二，即使听进去，也不一定懂。第三，即使听懂了，入了心，也不一定能落实在手上。所以，谈方法基本上是自我安慰。干不动活了，怎么办？谈谈方法。这就是我的开场白。

中国研究与学科研究哪个更重要？

林声巧（以下简称林）：首先感谢李老师今天来跟我们交流。我从我最感兴趣的问题开始。李老师在书中说，美国毕业的博士，不太喜欢被人称为中国专家，比较喜欢被称为政治学家。李老师说自己相反，比较喜欢中国专家这个称呼。我在学习中遇到一个矛盾，就是政治科学研究跟中国研究有区别。有些问题，在政治学中重要，在中国研究里也重要。但是，有些问题对中国重要，但做政治学研究的人不理解，或者觉得不是问题。你把中国解释清楚了，对中国研究有贡献，但可能对政治学没贡献，人家不重视。我前阵子在博士论文开题时特别纠结这个问题。有些问题，我们心里觉得非常重要，但是不知道怎样把它变成一个理论上重要的问题。李老师能不能提些建议，怎样处理这个关系，怎样找到一个两者看来都比较重要的问题？

李：要界定什么东西重要，可以从两个维度考虑。一个是地点，一个是时间。你在美国读博士，你的空间位置是美国，如果你希望在美国工作，事业的地点是美国，这是一个维度。再一个维度是时间，在谋生存阶段，不管是读学位还是当助理教授，衡量重要和不重要，跟谋定生存后不一样。把两个向度合在一起，就是一个建议：什么重要，什么不重要，取决于你需要给老板提供什么，人家认为什么重要，什么就重要。等你谋定了生存，你认为什么重要，什么就重要。对声巧来说，吕老师认为重要就重要，他认为不重要就不重要。对轶青来讲，斯坦福的教授、系主任、院长认为重要就重要。有两个视频，我建议大家看看，芝加哥大学麦肯纳内教授谈学术写作，在 YouTube 上。他说很多年轻学者不会写文章，不是他们做的研究不重要，是他们不知道怎样把文章写得让学术界重要人物认为有价值。他认为，归根结底就一条，你想发表论文，得让学术界的重要人物觉得重要，得让这些人认为你做出了贡献，你的文章对他们有价值。声巧的问题对各位有一定的适用性，我的回答对各位没有适用性。我提的是个抽象的建议，你要把你的时间空间确定下来，把你面临的需求确定下来，你才知道什么重要，什么不重要。我用不回答问题的方式回答声巧的问题。

做学术的理想主义与面向顾客有没有矛盾？

徐：您刚才说，写论文时要想象听众是谁，顾客是谁，我同意。这样做，不仅对生存重要，对学术产品的传播也很重要。但是，我想提个更根本的问题。我在网上提到《不发表就出局》或《在学术界谋生存》，总是有人看了标题就开始喷，说做学术的连理想都没有，还做什么学术？我有时会跟他们沟通，但是很难。您能不能解释一下，做学术的理想主义与面向顾客有没有矛盾？如果有，怎样调和？

李：没矛盾。不发表就出局是学术界的行规，这个规则约束的是我们这样的人。我们既不是官二代又不是富二代，要靠学问谋生。真能做学问的，不需要靠学问谋生；需要靠学问谋生的，很难做出真学问。这是没办法的事。有人在豆瓣读书上评论《不发表就出局》，说格局太小。我格局本来就不大，说我格局太小，也不错。你格局大，去做你格局大的事，没必要看我的书，也没必要在那里表现你的优越感。书中的话是对年轻人说的。我做点说明。我们60后这代人经历的事比较多，对生活的期望可以说是从零开始。你们也是从零开始，但你们的零比我们的零大很多。这就决定了一点，你们可能有比较多的理想主义，较多自己的抱负。对我来说，能在学术界活下来，有碗饭吃，我就觉得不错了。我讲的东西，各位可能觉得太现实，没有理想主义。可是，你要想想，如果你继承了亿万家产，是天才，当然可以追求理想。如果这两个条件都不具备，你就得服从学术界的规则。如果你本来就是普通人，凭什么要求别人特殊对待你？我跟学生说，你们不要指望找工作时卖潜力，没人买你的潜力。你说，我潜力很大，光潜力大没用。假如我是系主任，是院长，我也不买你的潜力，你得把成果拿出来，我才能付你工资。在学术界谋生存，是个事实。谁不需要谋生存呢？世界上大概0.001%的人不需要谋生存。话说回来，那些不需要谋生存的人，往往没有真正的生存。我们需要谋生存，是我们的优势。我讲的生存不是简单地活着，是为自己活着，我们谋的是海德格尔说的本真存在。学术界的生存，就是活出真实的自我。谋生存这个话题，大家不要觉得等而下之。我举个例子。如果问从事社会科学研究的中国学者谁最成功，前五名肯定包括周雪光老师。你去问问周老师：生活质量怎么样，天天干什么？周老师实事求是告诉你，你可能觉得，这有什么意思？这么辛苦，已经做到斯坦福大学终身教授，还这么辛苦，压力还这么大，有什么意思？我猜他会告诉你，有意思，但不足与外人道也。我满足就够了，你觉得我过得不好，没用，我也不必搭理你。只有学术界的人才能这样说。如果你做生意，人家说你的生意为什么做得这么失败，你敢说很满足吗？不敢，因为有个外在标准衡量成功与失败。我们做学问，生活质量好不好，别人没资格评论，自己满足就可以了。当然了，这是阿Q精神。

怎样看物质生活与人生意义之间的不兼容？

徐：我知道周老师每天五点钟起来到一个咖啡馆写作。如果你在斯坦福周边生活，六点钟可以在那里找到他。我补充一句，几年前，哈佛大学的一个女校长给毕业生讲话时说，你们不快乐，是因为你既想要成功，又想做有意义的事情。我觉得不少年轻学者也是这样，有很多挣扎，既要追求人生梦想，又没办法这么自信，觉得不需要外在评价，不考虑外在评价标准，有自己的标准。我想请您给年轻人一些建议。就像您刚说的，在物质生活方面，我们的起点比您那个时代高，我们怎么去调整心态。我们面临的问题是，不从事学术研究的同学，在物质或其他方面几年后就做得很好，超过我们很多。您如果面对学生，会给什么样的建议？

李：我没什么好建议。人活着是个过程，每个阶段都面临相应的问题，都在这个阶段解决这个阶段的问题，后一个阶段怎么样，到那个阶段再说。我是正教授，有实任（substantiation），每天仍然五六点起来写作，写四五个小时，然后吃早饭。是不是不这样写就会丢饭碗？也不是，是成了一种生活习惯。在你们这个阶段，尤其轶青所处的这个阶段，要更多地想在这个阶段需要做什么。人家期望我们做什么，我们就去做什么。我们很容易把应得（entitlement）跟特权（privilege）混为一谈。应得的东西，只要付出正常的努力，就该得到。特权不是这样，高于应得，要做出特殊贡献才能赢得。这个世界不会白给你任何东西。能读博士，不必去开出租，能做助理教授，不必做更无聊的事，这是特权。这样看，你就会想，我有特权，为了证明自己应该享有特权，我应该做出特殊的事情。这样，你就不会觉得有特殊的压力。如果你觉得这些东西都是理所应当的，那你的生活质量不会很高，因为你觉得应该得到更好的东西，更多的东西。我有时在外边走路会想，假如我是出租车司机，我的生活质量会降低多少倍？你们有没有想过，当出租车司机是多么焦虑的生活？他没有任何保障，车要开在路上或等在那里，什么时候有人打车，去什么地方，给他多少钱，完全不确定。有的学者说自己很焦虑，谁不焦虑？你觉得焦虑，只不过是因为你不知道别人有多焦虑而已。我这样说，你们会说这是代沟问题。代沟是客观存在，我承认有代沟。我这一代人就是这么想的，该做什么就做什么，做到十成了，对得起手里的饭碗，晚上才睡得着。我年轻时睡眠不好，就是因为放不下这颗心，总觉得活还没干够。我现在睡眠好了很多，因为我五十多岁了，能干的事差不多干完了，再怎么挤也挤不出多少油水。我可能没有回答轶青的问题，但我确实是这么想的。

怎样看学术界的内卷？

林：这和最近大家都很喜欢谈的内卷有关。李老师间接回应了这种焦虑。我记得您在书里说，要做学术，就要有做到 101% 的心态，尤其是在政治学领域。我能明显感到，读博的同学有这种心态的越来越多。可是，工作岗位就那些。所以我觉得很多同学生活在压力中，在学习或做助理教授，难免感到很大的压力。

李：这个问题很有意思，内卷不是一个好的翻译。当然，黄宗智先生这样译，自然有他的考虑。Involution

的意思是，表面看起来是进化，实际上是退化，译成"似进实退"好一点。但是，学术界说的内卷其实未必正确。我们看到的精密化、精细化、技术化，是进化，不是内卷。比如说，我读博士时，不懂对数回归（logistic regression）也可以毕业。现在，如果不懂点"机器学习"，都不好意思跟人家说是博士生。这不是内卷。内卷，是让你花费很多时间精力，实质上没什么进展，没什么进步。那是内卷。比如，香港这边开始新一轮课题经费申请，研究资助局的申请表格设计就发生了典型的内卷，加了很多既无聊又无用的东西。比如说，要提供一个研究进度表，还要用 Excel 做个图。我为了做那个图花了一个多小时，我本来不需要做那个图，做了也毫无用处，但必须花时间做，这是内卷。大家不要简单地使用任何词，简单使用"内卷"，就很容易把它变成偷懒的借口。你不高兴，就不高兴，跟内卷没什么关系。你找不到工作，不高兴，很正常。但是，找不到工作，也很正常。我这么说，年轻人不一定喜欢听。

时间有限，研究方法无穷，怎么办？

林：老师说得非常真诚。研究方法越来越精细化，就像您说的，现在不懂点"机器学习"，都不好意思说自己是博士生。但我们遇到一个问题，方法越来越多，分得越来越细，投入了很多时间学一个方法，就没时间学别的方法，学更前沿的方法。教授有学生或者年轻的合作者，可以一起做。但是，作为博士生，很难找人合作。博士生遇到的问题是，不知道哪个方向才是未来，哪个方法更有潜力。我们的困惑是，时间有限，但不知道放在哪里，哪个方向上。

李：这个问题确实很重要。我们能力有限，时间有限，学东西肯定要有高度的选择性。我建议，所有的方法都知道点，不要被别人吓住。比如说，掌握关于机器学习的基本知识，10个小时肯定够了。真学会，10年也不够。什么方法有用，就把这个方法学会；没用的，知道就可以。衡量有用没用，看研究资料。打个比方，你手里只有一块豆腐、一棵白菜，就这点东西，需要学多少厨艺？做研究，如果只有这样的材料，你就把处理这类材料的方法都学会。我刚才提到机器学习，也不是凭空想起来。我做过一个很小范围的社会调查，但我设计的问卷很细，问了5个问题，看受访人对五级政府的信任度，每个问题有5个层级，加在一起有3125个可能的答案组合。怎样去分析这些数据？我一直没找到最佳办法。最近两年得到学生帮忙，一个学生说机器学习有用，我就设计了一个半监督的机器学习分析。我请另一个学生用k-means clustering（k均值分群）分析我的小数据，结果发现这个方法像显微镜一样，把我一直找不到的要点找到了。说这些，我的意思是，你首先要有材料，有食材，然后决定去学什么。没素材，学方法没用。在学方法上要坚持两个原则，一是实用主义，二是谦虚谨慎。谦虚谨慎，就是不要觉得什么方法都能学会，那不可能。方法论学家一辈子只能做出一点方法，你一边做你的研究，一边想把所有方法都学会，不可能，不要把自己估计得太高。

发表压力大，怎样追求长远意义？

徐：我再问个问题。我读您的《不发表就出局》，感触特别深的是您和欧博文老师提出"依法抗争"这个概念的过程。从一开始的个案，到更广泛的调查，再到发展出这个具有一定普世性的概念，花了好几年时间。我特别羡慕这样的研究过程，就是追求真实，追求普遍性。但是，这里有个矛盾，跟声巧提的问题有关。现在，不少同学，包括我自己，没有您那时那么踏实的学风。我们不是不努力，但是觉得要赶快发表，赶快拿点数据分析，写个东西，不是找个既真实又通达的观点，写篇十年二十年后仍然有人读的文章。觉得被逼得比较急。这会导致什么？现在数据很多，方法也很多，大家就赶快去学那些方法，分析数据，然后凑篇文章出来。这种激励是比较强的，好像跟您求学时确实不同。我不知道您是不是有这样的感触。

李：我觉得各位的选择是正确的，在这个阶段就得这么做，我的做法是不能复制的。我毕业后没在美国找到工作，就来了香港，一开始在浸会大学工作了十年。浸会大学有个好处，虽然在发表上有要求，但很宽松，院长在会上明确讲，三年两篇。现在很多大学要求两年三篇，甚至一年两篇。人家要求我们出水货，我们就只能出水货对付。三年两篇，我就认真做。我在浸会大学的十年，条件很好，可以持续研究我关心的事。我最近有篇文章要在《中国季刊》发表，文章背后的故事可能比这篇文章更有价值。不过，这个故事写出来没地方发表，讲这个故事也为时过早。我给各位的建议是，在你们这个阶段，如果院长系主任只会数豆子，怎样谋生存？无非就是给他种豆子，种完一颗，交给他，说，你看，我又种出一颗豆子，很好。反正他也不知道豆子的质量到底怎么样，过了这个阶段再说。等你有了生存自主权，觉得一辈子种豆子太不值得，要改行培育珍珠，他也不能拿你怎么样。到那时，再去做自己的事，按照自己的心愿，发展自己的学术愿景。首先得保住饭碗。问题是，有些学者在保饭碗过程中会养成一些不好的习惯，保住饭碗后，已经没办法克服习惯了，简单重复已经会的东西，克隆已经写的东西，这很可惜。本来可以出更优秀的东西，简单重复做文章，没人看，自己也不想看，纯粹为了应付考核，很可惜。我很迟钝，兴趣非常狭窄，只对一两个问题有兴趣，但我会坚持不断地一直想这个问题究竟是怎么回事，不断否定自己以前的分析结果，慢慢就有走通的一天。这样的研究过程没法设计。如果说给各位提个建议，就是一定要有个自己关心的问题。如果没有自己关心的问题，做学问很无聊，没意思。

怎样处理学术生涯与人生使命之间的矛盾？

徐：周雪光老师跟我说过类似的话，他说他年轻时先做技术的文章，先做一些美国的问题，因为比较主流，比较容易发表。等生存问题解决了，再回到他真正感兴趣的问题上。他跟我说过类似的话，谢宇老师也跟我说过类似的话。看他们的发表轨迹，都有这样的特点。

李：在美国，在境外谋生存的学者，应该向周老师、谢老师学习。先玩人家的游戏，在他们的游戏里打败他们，赢得学术地位，再做自己认为真有意义的东西，玩不同的游戏。这是我的游戏，你可以不认同，实际上也不懂，但是因为我已经在你的游戏里把你打败了，你没办法质疑。我的路子是失败者的路子，因为我仍然在谋生存的边界上挣扎。我没有周老师的条件，他每天早晨五点去咖啡馆写作，法国哲学家萨特当年就在咖啡馆里写作，我们将来可以看到周老师的大作。我已经日暮西山了，各位不要拿我做榜样。香港虽然有不错的学术条件，也有不错的生活条件，但香港只有二流的学术环境。我走的路大概是错的，周老师和谢老师的路才是对的，尤其是对我们在境外读书，准备在境外发展的同学，成功的榜样是谢老师和周老师，我算个失败参照。

写《戏说统计》的初衷是什么？

徐：李老师太谦虚了，我相信很多同学从您的书和微信分享中获得很多力量。您对我的帮助是很大的，很难衡量这贡献有多大，但在我这有颗小小的种子，我相信对声巧也是如此。我自己是在谋生存阶段，我在做跟统计相关的问题。您前几年写了本书，叫《戏说统计》。我读了，觉得写得很好，真的很好。我一开始是想看有什么错，真的找不出什么错，表达很精确。我想问您为什么想写这样一本书，初衷是什么？

李：我在"学术志"录了一门视频课。录完后，觉得有些东西讲得不够细，就写了补充材料，最后成了这本书。我写这本书，目的是搅局。怎么个搅法？有些专家学者有很好的统计学专著，但我觉得专家总是一本正经西装革履，太严肃。专家有专家的优势，有用专门术语讲话的场合。但是，我遇到一些同学，他们对计量方法很有兴趣，但不敢学，觉得太难。我歪打正着，走偏门，找窍门，敢用，能用对，肯定达不到专家的懂，但作为用户是合格的。我想，也快退休了，有点空闲时间，我学统计的方法对数学背景不那么强的年轻人可能有点用，就写了这本书。我现在知道里边有些错，轶青说没有错，是他客气。但这本书有个好处，能发挥一个重要功能，就是破除迷信。专家最爱制造迷信，表示他们与众不同，满嘴术语，术语译成中文后很玄妙，根本不知道他在说什么。我来当个坏人，说清楚专家说的是什么。比如，变数、变量，翻译是不正确的，翻译成变项比较好。变项，就是会变的东西。翻译成"变"也不大好，汉语的"变"一般指日新月异的变，再过一个小时我们会变老一小时，年龄一直在变。但是统计学讲的变，不是日新月异的变，是因人而异的变。如果不这样理解，就无法理解为什么性别是个变量。性别既不是量，又不会变，为什么是变量？产生这个疑问，就是因为变量这个词翻译得不对。如果我们知道英文是 variable，知道 vary、variation、variance，就通了。这本书还有个作用，就是提醒大家一定要学好英语，学好英语就不会被这些莫名其妙的翻译迷惑住。很多人不太重视语言，过去这 40 年，我们国家的哲学研究错过了一个机会。西方哲学 20 世纪中叶就实现了向语言哲学的转向，我们没跟上潮流。因为对语言不够重视，中文的堕落、退化、恶质化没有引起足够的重视。语言归根结底是生活方式，语言的变化反映生活方式的变化。听说有些人不鼓励大家学英语，这真是亡文化之道。

学英语有没有诀窍？

林：李老师的书里面讲学英语的经历，很励志，很实在的一段故事。

李：跟大家说那个故事没有什么意义了。我学英语那个年代，见不到外国人，连英语的原声录音带都很少。录音机很贵，我那个录音机是跟好朋友张光教授合资买的，买了以后光我自己用，实际上是他资助我一半钱。我学英语时练听力，很难找到好录音带。话说回来，对书法有兴趣的人都知道，赵孟頫说过：昔人得古刻数行，专心而学之，便可名世。现在我们去书店看看，各个名家的字帖都有，我们反而练不出字来了，什么原因？被假功夫迷惑了。学英语，网上的各种游戏都只是制造一种虚幻的用功感，虚幻的成就感。学英语，光花时间背单词没用，那是假功夫，骗骗自己而已。学英语没什么诀窍，就是下笨功夫背课文，记住，动笔翻译。那个年代已经过去了，现在什么教材都有，什么老师都有，英国人、美国人、澳大利亚人、新西兰人，应有尽有。你学吗？真想学吗？真想学，就学，学，就能学会。

怎样提高用英语写学术论文的能力？

徐：我提个范围窄点的问题，就是怎样提高英语写作能力，这是我这个阶段或更年轻些的同学共同面对的问题。有些博士生在英语写作上遇到很多困难，您给他们什么建议？

李：建议只有一条，就是天天写。我觉得有些年轻人花在阅读上的时间太多。车铭洲老师说过，本科生要学会读书，硕士生要学会批判，博士生要学会创新。博士生还要不要读书？要，关键是怎么读。要为写而读，写作中需要读什么，就读什么。博士生，尤其是博士候选人，写作跟读书的比例应该是九成写作，一成读书。自己写到不能更好的程度，再去看文献，那时你会发现看得很快。自己只做了一成功夫，就去读别人的东西，越读越没信心，觉得别人都比你聪明。你想到一点，人家早就说过了，你刚想到三，人家已经做到五了。这样阅读，打击信心。你能不能做到五？可以，先别看，一看就没有信心了。这是一点。再有一个建议，大家一定要花时间听听芝加哥大学麦肯纳内教授关于学术写作的两个讲座，在 YouTube 上很容易找到。我对他的讲座有点保留意见。他在讲座中说，在学术写作阶段，想就是写，用手思考。我们不是天才，没办法打腹稿，要把一个问题想清楚，只能靠把那个问题写清楚，反复想就是反复写，反复改。这我完全同意，但我有点保留意见。他觉得，某些年轻学者的论文发表不了，是因为写得不好。我不这么看，我认为是想得不好。但是，他提出的思路是对的，写的时候一定要有清晰的读者意识，这个读者不是小读者，是大读者，是比你资深的人，研究做得比你好的人，比你更有成绩的人。一定要想，我现在想的东西他们有没有想过，我写的东西对他们有没有价值，这样你才能想清楚，才能写清楚。我觉得，你想出了很有价值的东西，但写不出来，这种可能性不大，我们不需要写很优美的文字，只要把观点和论证讲清楚。所以我觉得最关键的还是要把问题想清楚。写作过程中，自己要有个很清晰的自我意识。写的时候，同时也是读者，自己做自己的读者是很困难的。我们照镜子时都觉得自己不错，精神头很好，气色很好，实际上那是你自己这样看，别人不一定这么看。学术写作和学术研究的难处是两个字，一个是痛，一个是痒，你要碰到别人的痛处，也要搔到别人的痒处，痒也很痛苦。心痛难解，心痒难搔。你写文章时，如果知道别人痛在哪里，痒在哪里，然后很客气地说，我帮你止痛，帮你解痒，这就是你论文的价值。不要明确地说别人不对。你们这代人的英语比我们这一代人好很多。轶青问我怎样写作，是问道于盲。我倒是有一点提醒大家。我们不管是做中国政治研究，还是做政治学研究，都是科学研究，没必要写出很文艺的文章，不要追求文体，不要追求文采，但是要追求清楚明白。清楚明白，对你们并不难，不过对我仍然很难。我在学术界快 30 年了，最大的挫折感是必须得用英语谋生，这是很大的劣势。你想想看，除非你是天才，用第二语言讲思想，几乎不可能。用第二语言讲学术，达到一流水平非常困难，达到超一流水平几乎不可能。在座的各位如果有兴趣当超一流的学者，要么提高英语，达到母语水平，要么用中文写作。像我这样，必须用英文写学术文章，只是半吊子，快退休了，仍然是半吊子。大家不要指望从我这里学到什么有价值的东西。你们这一代人的英文讲得比我好，写得比我好。

徐：您在书中说读书不算工作，想问题也不算工作，只有写作算工作。这几句话让我豁然开朗。我们可以找各种各样的理由，浪费时间，不是投入地工作，而是骗自己在工作。其实，只有真正写，尤其用英语写作时才是真在工作。声巧，你有什么问题？

怎样判断统计分析结果是否符合现实？

林：李老师，您刚提到，做研究，最难的是把问题想清楚。我们是研究别人，又在国外，做数据分析，统计模型看着像那么回事，但是我总有疑虑，就是不知道现实怎么样。我们从校门到校门，没什么社会经验，田野调查的经验又非常有限。我对自己做出来的结果，有些可以判断肯定对，有些结果不是很确定。老师有没有什么建议？

李：这个问题提得很好，声巧不要太缺乏信心。统计分析有科学性，但是我们不要认为统计数据是硬数据。统计数据也是软数据，统计方法不是硬方法。统计数据跟访谈资料属同一个层级，都是软的。做统计分析和文本分析，方法也都是软的。不管是做政治学研究，还是做中国政治研究，都要注意一点，我们做的既不是科学，也不是艺术，而是介于艺术与科学之间。一个东西做出来了，有没有可信度，取决于生活在现实中的那些人是不是认同你的观点。你对统计分析的结果没把握，很好办，打电话跟你父母讲讲这个事，跟原来的老师、同学、邻居讲讲，反正他们不做研究。如果他们研究政治学，那就不要跟他们谈。回国做调研，不要跟现任的干部讲研究心得。找退休的老干部、老工人、老农民、老教师谈。你跟他们说，我觉得是这么回事，你们觉得靠谱不靠谱？如果人家听不懂，那你就全错了。如果人家听懂了，说是这么回事，那你基本上成功了。如果人家说，真是这么回事，你怎么知道的，怎么想明白的？你就很成功了。做研究，要追求有根的感觉，相信自己的理解靠谱，反映社会现实。否则，人家会表面恭维你做得好，背后笑话你糊弄人。但是，如果各位面向美国的市场、欧洲的市场，是否做这样贴近现实的研究，需要斟酌。也许应该颠倒研究次序，先做理论研究，将来再做中国研究。中国大概相当于黑格尔说的个体，比较政治学研究的相当于殊相，理论和方法论研究的是共相。学问的发展是从个体到殊相，然后从殊相到共相，从中国研究到比较政治研究，再到普遍的政治学研究，这是正常的发展过程。但是，学者要在学术界谋生存求发展，可能需要颠倒次序，先研究共相，先做政治学，然后做比较政治学，最后做中国政治。学术生涯的过程跟学术发展的逻辑往往是颠倒的，大家不要觉得学术发展是从个体到殊相再到共相，我也走这个过程。你可能没那个条件，不等你做完就把工作丢了。我们谈在学术界谋生存，并不是说学术界有多少人真的就是失败者，其实不多。但是，在学术界混过的人伤痕累累，不少人受伤后有严重后遗症。看到这种伤害，你会觉得做学问没什么意思，很不值得。提前树立这样的生存意识，可以避免各种各样的完全可以避免的伤害。大家听了不要灰心，老年人说话有时直言不讳。

学术界的硬通货是什么？

徐：我确认一下，您说先做共相的问题，是不是就是周雪光老师说的普遍性的问题。

李：对，那些东西才是院长和系主任眼中的硬通货。这不是我想出来的。我读博士在俄亥俄州立大学，当时欧博文教授在那里，他是我的老师。他跟我讲过一件事。他1996年在《世界政治》发了一篇文章，告诉系主任。系主任直言不讳地说，恭喜你，这篇文章相当于5篇《中国季刊》的文章。

徐：声巧，你有话要说吗？

很多同学被老师放羊，怎么办？

林：听众有很多问题，其中一个是学生跟老师的关系。刚才轶青提到了李老师跟欧博文教授的合作。很多同学问，跟老师的长期合作关系是怎么形成的，还有就是很多同学面临的情况是老师放羊。李老师有没有关于师生关系的建议？

李：我猜各位同学说的是学生怎样获得老师的关

注，获得老师的注意力。我就一句话，就是要对老师有用。你对老师没用，老师不会留意你，如果你做的东西是他有兴趣的题目，他就会主动来关心你的研究，你做的东西对他的学问有贡献，他就会跟你一起做。现在大学老师压力都特别大，让人家教书育人，实际上很难做到。读博士，如果导师对你的研究一点兴趣也没有，放羊很正常。你要想得到他的注意，就要去看看他在做什么，他遇到了什么难处，你去帮他，对他有用，就能得到注意。

徐：我接着问下面一个问题，跟现在这个环境相关。很多同学，尤其是在美国求学的同学问，在目前的中美关系的情况下，应该怎么选择，您有没有建议？

李：建议有两个维度，一是研究取向，二是毕业后去哪里工作。既然走学术道路，我们就选定了学者身份。选定了学者身份，守住学者的本分，其他问题就都好办了。回顾一下 1949 年后中美关系的历史，我们就知道现在的中美关系仍然非常好，非常难得，所以这不应该成为各位的负担。在选择工作岗位上，大家可以这么想，无论哪个国家的政府都需要有人替他们想问题，都需要有人替他们说话。作为学者，我们的天职是思考问题，把我们思考的结论写出来。无论怎么写，一定要实事求是。你可以说瓶子里只有半瓶水，只要实事求是，就是一种写法。也可以说瓶子原来是空的，现在有了半瓶水，是了不起的成就，只要实事求是，也是一种写法。当然，你说还有半瓶是空的，本来可以满，只要实事求是，同样是一种写法。无论如何，必须讲基本事实，千万不要丢掉学者身份。学者身份靠的就是实事求是。有些人可能名气很大，是网络上的风云人物，我觉得最好忽视他们，不要关注，他们只是泡沫。更不要因为他们生气。他们出风头，跟我们不相干，我们不想做那样的人。选择学者生涯，就是不求闻达，不求学术界之外的闻达。

徐：声巧说收到不少同学的问题，挑选几个，时间差不多了，留些时间请李老师回答大家共同关心的问题。

应聘时强调自己哪方面的优势？

林：有个共性的问题，就是有些同学在找工作，问现在招新老师看重什么内容，他们去应聘需要更强调自己哪方面的优势，才容易得到院长的青睐。

李：这看在什么地方，但现在有个共同点，就是以发表为硬通货。无论在哪里找工作，都要强调你已经有发表成果，或者你已经有文章在刊物评审，至少有文章可以投稿。申请工作时，提醒自己一点，进入短名单就是成功。只要充分准备了面试，发挥了正常水平，此后的一切就像买彩票，凭运气，失败并不意味着自己能力不行。如果进不了短名单，要想想是不是申请策略有问题，比如申请信没写好，材料准备不充分。如果面试环节出现失误，以后注意纠正。总而言之，进了短名单就是成功，其他的事交给命运。面试时最好不要念稿子，不要紧盯着 PPT（课件）讲，要让人家觉得你很聪明，聪明就是潜力。一念稿子，人家可能有不佳观感，觉得你做了几年研究，讲博士论文还照着稿子念，潜力不大。至少我有这样的偏见。找工作，既有关学术，也有关学术政治，申请人只能在学术上努力，对学术政治基本上无能为力，无法掌控。

参加社交性质的学术活动对学者来说重要吗？

林：再追问一个问题，有同学问，参加一些学术活动，或者有些社交性质的学术活动，对学者来说重要吗？在这方面有什么建议？

李：分场合。我参加过一些中国内地的学术活动，总体感觉是浪费时间。参加美国的学术会议，总体感觉是很有收获。我们刚才说了，写文章也好，做研究也好，要有清晰的读者意识。读者意识就是服务意识，提供服务，把产品卖给人家，你得知道人家需要什么。比如，参加美国政治学年会、亚洲学会年会，能了解其他学者的痛和痒。参加内地的某些学术会议，看到的是铜盔铁甲、西装革履，大家谈的不是真学问。参加这种活动有没有用，要自己判断。还有一点，也需要跟年轻的朋友讲。如果你有个研究心得，文章已经被接受了，很快就发表，可以在任何一个学术会议上讲。如果文章还没被接受，任何学术会议上都不要讲，尤其是做量化分析，而且数据库是公开的，千万不要讲，讲就等于给人家可乘之机。现在学术环境整体来说在变坏，大家的压力太大。压力太大，有些人就会走歪门邪道。当然，如果你很有信心，即使讲给别人听，别人也没办法复制你的研究，没办法抢在你前头，那你就放心大胆地讲。你讲得越早，别人越知道这个是你首先提出来的。大家要有强烈清晰的自保意识，同时又要有强烈清晰的自我推销意识。你自己不讲，别人不会理会。不能指望人家看你的东西，没人去看你的文章，大家都不阅读。无人阅读，这是学术界的常态，大家都知道。引用你的文章也不意味着读过你的文章，可能就是看了看摘要或标题，觉得有点用，搬过来当个装饰。所以，大家要清楚知道自己想要什么，明白怎样得到自己想要的东西。年轻人最容易出现的问题是，不清楚自己到底想要什么。很多困惑，很多烦恼，都是这个原因。刚才轶青过分自我批评了，比如说没办法集中精力写东西。我给各位一个提示。你们现在看时间、看生活，看自己的生涯，计时单位很长，比如3年、6年、10年，至少1年。这是对的。做长远规划，需要用较长的时段作计时单位。但是，我的提示是，我们活着，每一天是个完整的计时单位。24小时里，几点到几点是自己千金不换的时间，一定要保护好。一定要清楚，不管是晚上，还是早上。原来，晚上10点到凌晨2点是我的黄金时间，千金不换。那时别人不会打扰我。怎样保护那段时间？早晨不起床。我2点才睡，你约我10点见面。对不起，不见。上午10点开会，对不起，不参加。你说，我一两天不睡行不行？两天不睡，表面看你是赚了，实际上你赔了。所以，一定要以24个小时为一个生活周期，这个周期里有几个小时是黄金时间，要找出来，保护好，用来做正事。你可能觉得，过了黄金时间，你照样可以做正事。你放心，你没那么厉害。你们现在年轻，可能对时间质量的感受不是很清楚，我这个年龄感受很清楚，过了那段时间，再想做重要事情，做不了。学者的生活基调是焦虑，不要觉得不正常。你要是觉得学者不应该焦虑，就不要选择学术生涯。怎样不被焦虑克服？每天都在黄金时间做自己认为最有价值的事，做完了，当天的账就还了。焦虑不就是因为欠债吗？所谓使命感，所谓理想，不都是欠债的意思吗？我欠了人家账了。欠的账，人家也没说一次要还清。一次还清，命就没了。一定是分期付款。我每天都把该付的款项付了，其他时间就可以放松了。不管你每周是工作五天、六天，或者像我这样工作七天，每天都是一个完整的生活单元，完整的生活周期。这个周期里的黄金时间，一定要用来还债，还了债，你就安心了。这是对付学术生涯焦虑的唯一办法。你说，我两三天不睡觉，一星期不睡觉。那没用，把自己熬进去，还是还不了债，解不了焦虑。我这么说，大家可能觉得，干脆不要做学者。恭喜你！不做学者，说明你有本事，至少比我强多了。做学问的人没用，我本人没用，我做学问就一个原因：这是唯一的活路。

徐：李老师讲得太好了，我觉得把这段话作为今天的结束语再合适不过了。您可能没关注聊天窗，好多同学说讲得太好了，对他们帮助非常大。我和声巧也是一样的感受，收获非常大。再次谢谢老师贡献宝贵时间，我知道早上时间对您特别重要，所以我也有点歉疚，但是我相信我们年轻一代人不仅能学到做学问的精神，也能学到做学问的技巧。谢谢李老师，谢谢各位同学参加。

李：谢谢你们。

（根据 2021 年 10 月 16 日腾讯会议录音整理。）

附　录
答宋义平博士问

说明与鸣谢

　　本书出版后，北京思高乐教育科技有限公司的总经理宋义平博士与我在腾讯会议做了四次对谈，提出并转达了很多好问题。一个聪明的问题，价值超过十个聪明的答案。我的答复仅仅是一管之见，但义平提的不少问题有普遍价值。征得他同意，我把对谈的部分要点整理出来，作为增补版的附录。特此说明并鸣谢。

这本书的主要内容是什么？

　　几张草药方，几贴膏药。药方是止痛的，膏药是止血化瘀的，都不是独创，但我试过，有效，也仍在用。2016 年，我给《不发表就出局》写了个腰封："对年轻学子而言，此书是独处疗伤的草丛，修炼悟道的密室。"如果本书也做腰封，用八个字："习术安身，求道立命。"习术与修道的路坎坷不平，荆棘丛生，难免受伤，需要准备点急救药品，这本书是急救手册。

这本书的目标读者是谁？

主要面向年轻学人，特别是博士生和刚入行的年轻学者，也面向爱思考人生的从事其他行业的朋友。我自己也是目标读者。这本书总结了一些经验，但主要总结我最近几年得到的教训。有些道理我领悟得太晚了。如果五年甚至十年前就懂，我的学术成就会大一点，学术生涯会顺一点。付出代价才能得到教训。不过，教训的特点是容易忘记。受挫时觉得刻骨铭心，过不多久就淡忘了，写下来是个提醒。

为什么说这本书是封笔之作？

诺贝尔经济学奖得主萨缪尔森说：在科学领域有两类人，有能力的研究科学，没能力的侈谈方法。我还能做研究，不宜花太多时间谈治学。有新想法，新体会，会写下来发在我的微信公众号"在学术界谋生存"上。我不会再出专门谈治学的书。

为什么老师应该努力做到"我难你不难"？

"我难你不难"是齐白石先生对大弟子李苦禅先生说的话，意思是：弟子请教的种种技法，他摸索得很艰难，毫不藏私地告诉弟子，弟子就不难了。我给这句话加了半句："我难你更难。"就是说，学生得超过老师，走老师没走过的路，攀登到老师攀不到的高度。车铭洲老师把他的教育理念总结为"以学生为贵"。我觉得能实践"我难你不难，我难你更难"这十个字，就可以算做到了"以学生为贵"。大学教师有两项任务，一是创造新知识；二是承传。创造新知识，就要研究新课题，摸索新方法，很艰难。承传，继承前人创造的优秀文化成果和科学知识，总结自己的研究成果和治学方法，毫不保留也毫不扭曲地传给学生，也不容易。承传不是接力赛，及时准确地交棒，只是及格。承传是薪火相传，传给学生的是活的知识，活的智慧，活的科学探索精神，活的研究思路和创新意识。要做好承传，不仅要帮学生学到知识，还要帮他们学会学习，把自己的探索过程简明扼要地告诉他们，让他们探索如何创造新知识。学知识难，学会学习很难，学会创新更难。难学的必然难教，越难学的就越难教。创新最难，也最难教，我认为创新无法教。把自己的学习过程和研究过程想清楚总结出来，如实告诉学生，已经很不容易。

为什么博士生必须学会做自己的导师？

车老师说，博士生要学会创新。学会创新是从知识消费者变成知识创造者，最难过的关口是摆脱学生心态。学生心态就是不会批评和修改自己写的东西，缺乏勇气和耐心。人有两个特点。一个特点是眼高手低。眼界高，觉得这个不好，那个不好；手上功夫不行，这也做不好，那也做不好。另一个特点是批评的眼光对外，只看别人，不看自己。博士生的批判眼光跟导师差不多，但不能用这眼光审视自己，总希望导师把关，这就是学生心态。摆脱了学生心态，就变成自己的导师了。从学生到学者的转变很不容易，然而必须完成。

博士生经常遇到的问题是什么？

一直到答辩还不知道自己研究的究竟是什么。导师是清楚的，答辩委员会的老师也清楚。他们已经攀爬到了比较高的地方，答辩时的责任是帮助学生知道到底在做什么，把学生拉到比较高的平台。做博士论文像爬山，爬得越高，路越险峻。不到高处，立足未稳，不敢回头看，勉强看也看不清来路。答辩委员会的老师总会发表批评意见，有时会发表听起来仿佛否决的意见。但是，正常情况下，答辩委员会的老师想把学生从悬崖边拉到高处。这高处不是山顶，只是山路上的一个小平台，是继续攀登的小站。老师提问和质疑不是推搡，是拉扯。被人往上拉扯并不舒服，生理不舒服，心理更不舒服。拉手还好，被人拉着头发往上拽很痛苦，也很没面子。但是，老师有时必须抓住学生的头发往上拉。不要抱怨博士论文答辩让你不愉快。毕业后投稿，就知道什么是真正不愉快的考验了。刊物的匿名评审都擅长提批评意见，意见未必比答辩时听到的更严厉，但是提意见的动机有重大区别。有些匿名评审是善意的，想把作者从悬崖边拉到山顶上来。有些评审缺乏老师对学生特有的耐心，不愿意花时间琢磨建设性意见。还有些评审，可能是自高自大，也可能是刚被拒稿，有戾气，想把作者推下去。

怎样学才能得导师真传？

导师有真功夫，也愿意传功夫，学生还是未必得真传。要得真传，得把导师的真功夫逼出来。拿武侠小说作例子，怎样得真传？令狐冲得了风清扬老先生真传。怎么得的？有田伯光教他。风老先生在华山思过崖的山洞里给令狐冲讲独孤九剑的破刀式，田伯光在洞外施展快刀在实战中教令狐冲。两个条件缺一不可。没有风清扬老先生，令狐冲不可能学会独孤九剑。没有田伯光这个老师，令狐冲不可能得破刀式真传。后来，令狐冲在武当山下得到了冲虚道长的真传，也是用真功夫逼出真功夫。学生得把导师的真本事逼出来。自己不下真功夫，就逼不出导师的真功夫。

导师说自己没有问题意识怎么办？

问题意识就是觉得有什么东西不对头。培养问题意识，需要知道什么是正常，什么是异常。一个人体温40度，你觉得正常，就是缺乏问题意识。做社会科学研究，问题意识是理论勇气。不是我们觉得没问题，是胆子太小不敢质疑。

年轻学者应该如何选题？

首先，一定要选重要题目。选头等重要的题目，做出二流研究，也是一流。选了次等重要的课题，做出了一流学问，也是二流。其次，选有比较优势的题目，这种优势包括资料优势、学科背景优势或技术优势。

怎样看"高大上"的研究方法？

"高大上"的方法有独特价值。研究天文学，眼睛不会过时，但望远镜"高大上"。光学望远镜从无到有，倍数从低到高，位置从地面到山顶，从山顶到太空，韦伯红外望远镜从近太空到远太空，每次技术进步，都极大地提高天文学研究水平。观测技术跟不上，想法多也有用，但是否真有用，自己说了不算，要等别人用技术验证。做社会科学研究，想法多有用。但是，如果学不会高深精密的研究方法，很难把想法变成高精尖的研究成果。

如何提高研究方法的落地能力？

如果觉得研究方法已经学到高深精密的程度，但不能转化成研究能力，可能被误导了。比如说，学了高深的统计分析技术，但没分析过复杂的真实数据，手里也没有像样的数据库，就被耽误了。小提琴家帕尔曼说：小提琴技术能不能完全掌握？可以。需要多长时间？从5岁开始学，完全掌握所有技术需要90年。等你学会了，也95岁了，还有时间学音乐吗？学分析技术时，如果不是在研究问题，就很像不学音乐只学小提琴技术。

为什么说学术研究需要直觉和灵感？

真实材料、前沿意识、合适的方法是研究的基本要素。但是，要素转化成研究，需要能量，直觉、创意、想法或灵感就是能量。不过，只有想法还远远不够。产生想法像用燧石撞出火星，并不特别难。真正的难点是把火星变成火苗，进而把火苗变成持久的火焰，这需要技术，需要方法。用燧石打火，靠练习；做研究，靠实践。

定性方法的要点是什么？

推己及人。做定性研究要避免犯两类错误，一是以小人之心度君子之腹，二是以君子之心度小人之腹。一类错误很严重，二类错误很危险。

文科生能不能掌握量化方法？

无法精通，但能学会准确使用。量化方法是巧妙的思维方式，数学是学会这种思维方式的工具，数学不强，可以借助哲学和逻辑掌握这种思维方式。

怎样学习定量方法?

学用结合。杜克大学的墨宁教授说,学量化方法一定要有自己的数据库。自己的数据库并不一定是自己建设的数据库,吃透一个数据库,把主要变量之间的关系想通了,用适用的统计方法分析清了变量间的关系,这个数据库就是自己的了。比如,SPSS 带的雇员数据有十个变量。耐心把这个数据当书读,知道为什么要测量雇员的年薪,工作岗位,是否为少数族裔,教育程度。知道为什么计算平均年薪,年薪的标准差,为什么比较平均年薪,为什么计算回归系数,为什么做多元线性回归,为什么做对数回归。用这几条线索把几个貌似孤立的变量联系起来,脑子里有了完整的故事,这个数据就变成自己的了,也懂了上面说的统计方法。

统计思维的特点是什么?

三个特点。第一,概率思维。概率不等于 0,也不等于 1。如果坚持黑白式思维,非此即彼,不对就错,不是绝对真理就是绝对谬误,就学不会量化分析。第二,由此及彼,根据样本统计值推断总体参数,需要点想象力。第三,证伪思维方式。

你为什么从做定性研究转到做定量研究？

用英文写定性研究，以英语为第二语言的人很吃亏，怎么努力也写不精彩。量化分析对英语的要求相对低一点。

学统计方法的难关是什么？

是语言关。用英语学比较容易学会。量化分析的术语，英文比较容易懂，看中文翻译往往莫名其妙。

定性方法与定量方法是否应分先后？

不必硬分先后。好比学走路，不要问先横走好，还是先直走好，关键是走。学方法，看手里有什么材料。有数据就分析数据，没数据就分析访谈笔记和文字材料。定性研究也思考量化问题，量化分析离不开概念，概念是定性研究的结果。

方法论训练会禁锢思维吗？

把方法论讲成教条，就会禁锢思维。比如，有人说，研究是可以设计的，可以顶层设计，可以计划，可以做出日程表，可以有进度表。真信这些说法，就被误导了。研究没法设计，也没法规划。研究是创造过程，最主要的动力是好奇心。这到底是怎么回事？为什么这样？究竟是怎么回事？他们为什么做这个？为什么我想不通？如果没有好奇心，做研究是苦不堪言的差事，极为无聊。做研究没那么多清规戒律，不要纠结先做什么，后做什么。能做什么，就做什么。先做起来，做的过程中探索调整作法，不要胶柱鼓瑟。

为什么你认为不要追求读完全部文献？

实事求是。文献跟山一样，没有人能读完文献。社会科学的每个问题都有很长的研究历史，很难遇见全新的课题。另外，文献的语种很多，每个人掌握的语种有限。即使只看英语文献，也看不完。不认为自己是天才，就不会拿脱离实际的标准给自己上枷锁。

跨学科读博需要注意什么？

一是胆子要大一点，不要被科班出身的同学吓住。人家问某某经典你看过吗？没看过，就说没看过。没看过经典，看看摘要和书评也能掌握要点。二是要找自己的比较优势，充分利用以前学科的优势。科班出身的人精通的，你很难超过人家。但是，科班出身的人都有短板。你找到人家的短板，就找到了自己的比较优势。

为什么说科班出身的有短板？

科班出身的人是在严格设计的模块里训练出来的，模块都是教条化的。没办法，东西总是无穷多，时间总是很有限，学生的接受能力总是很有限，老师的理解能力总是很有限。科班训练的人听多了，听惯了，鹦鹉学舌，会说了，但是说的东西自己未必真懂。科班是个入门的捷径。但是，每个人生活道路上自己能选的部分大概能占百分之一。是科班出身，就发扬科班训练的优势。没进科班，就发挥野路子的长处。每个人都得有点阿Q精神，不然很难生存。

怎样平衡博与专？

博与专都是相对的。有政治学博士学位，懂多少政治学？可能百分之一也不到。不要纠缠这些空谈，想做学问就做，做出点真学问就知道做学问是怎么回事了。

学术写作能规划吗?

有的学者能按部就班地写，我的博士导师欧博文教授就是一段一段地写。我没那个本事。多数学者写论文是个乱七八糟的创造过程。

是不是应该想通了再写?

鲁迅先生那样的大天才可以想通了再写。不是大天才，只能在写的过程中想，动笔思考。写作分两个层次，一是把脑子里边不清晰的想法用相对清晰的文字表述出来，二是慢慢地深加工这些文字，也就是不断加深自己的思考。

做研究是否需要追逐热点?

追得上，跑得快，跑第一名，就去追，没这个本事，没这个条件，没这个资料来源，最好不要去追热点。等你发现有热点的时候，无数的人已经跑在前边了。

怎样看学术合作?

能自己写，一定自己写。要合作，一定要得到不合作得不到的东西。合作很容易变成偷懒，搭便车。有些学术合作其实是绑架。有权有势的学者组织团队，侵占年轻学者的成果。一篇文章多个作者，不管是否有贡献都挂名，这是一种欺诈。刚出道，难免被绑架。在人屋檐下，不能不低头。一旦有机会，赶紧摆脱这种合作，否则就可能沦落为若干分之一，不是完整独立的学者。

如何发现值得研究的问题?

一要关心普通民众关心的问题，二要了解学术界的情况。

为什么要保护自己的新想法?

想到好问题，先认真探索，不要急于表现，不要急于跟别人说。有些问题就像窗户纸，一捅就破。急于表现，就容易被有心人顺手牵羊。你还没写完文章，人家文章发出来了。研究问题越好，想法越有创意，越要注意保护。

申请读学位怎样写研究计划书?

当敲门砖,认真写,中规中矩,尽量表现得聪明,有研究直觉。门敲开了,就可以把砖扔掉。敲门是一回事,进了门怎么走是另一回事。

你怎样对待学生?

车老师是我的楷模。不过,我没办法像车老师那样关心学生。时代不同了,现在的大学教授压力太大,很难认真关心学生的成长。不过,我讲课时花很多时间、用很多脑力帮学生想研究应该做什么,哪个方向比较好。只能点到为止,能不能做出来,走什么方向,完全由学生自己决定。

做研究有没有秘诀?

没有。硬要找秘诀,就一个字:做。车老师当年说,想学英语吗?真想学吗?真想学,那就学,真学就学会了。做研究也是这么回事。不要觉得哪个人可以告诉你什么秘诀。武侠小说里有秘诀,《九阴真经》《九阳真经》《辟邪剑谱》《独孤九剑》,那是金庸先生骗你玩的，哄你高兴。没那回事儿，功夫都是一点一滴练出来的。

怎样看年轻人的拿来主义？

鲁迅先生提倡的拿来主义是主动的，有眼光，有鉴别。现在一些年轻人的拿来主义行不通，一是消极，二是懒惰。孔夫子要求学生主动学习，否则不教。子曰："不愤不启，不悱不发，举一隅不以三隅反，则不复也"（《论语·述而》）。遇到问题，不先上网搜答案，恨不得旁边有人伺候，有问必答。这样的拿来主义会耽误自己。说个小故事。钱锺书先生是大师，英语极好。有一次，他女儿钱瑗遇到个生字，查了三本词典，还是没找到这个词，就去问钱先生。钱先生说：你为什么不去查第四本？她去查第四本，结果就找到了。钱先生喜欢读字典，显然认识这个词，知道这个词在第四本词典中。年轻人应该学这个功课，自己下功夫找答案，不要拿老师当拐棍。

怎样看学生给老师打低分？

学生给老师打低分，原因很复杂。一般来说，老师大概有不足之处。不过，学生容易苛求老师。同样，读者容易苛求作者。徐复观先生曾被熊十力先生骂过一通。他看了一本书，跟熊先生汇报，批评这本书这不对那不对。熊先生说，人家写得对的地方你为什么不看？写得比你高明的地方，你为什么不去琢磨？你光去琢磨人家不对的地方，相当于不会吃饭。吃饭哪有百分之百都消化，都是营养的？

怎样看年轻学子急于出成果，慌不择路？

慌不择路说明入错行了。天天被人家赶着走，被人家拿鞭子轰着走，那不是入错行了吗？还不如去马云的公司打工，996 毕竟还是个有限的量。学术界没数，一周工作七天，每天工作十小时，还是不够，不如去打工。

怎样看学生抱怨导师放羊？

被导师放羊，证明你对导师没用。你对他有用，他就不放羊了。怎样才能对他有用？你做的东西他有兴趣，你会做的他不会做，至少不擅长，不如你做得好，导师就不放你羊了。不要抱怨导师放羊。每个导师都必须首先考虑学术生涯，特别是年轻的导师。你做的东西他一点兴趣也没有，你会的他比你精通，他理你干什

么？不要抱怨自己被放羊。你变成老虎，他就不放你
羊了。

怎样才能让自己变得有用？

每个人的情况不一样，每个人遇到的老师不一样，
无法一概而论。但是，人家怎样对待你，并不是完全由
那个人决定的。别人怎样对待你，十有八九是由你决定
的。这样想问题，你就不会说：那个人为什么看不起
我？那个人为什么漠视我？这个人为什么不搭理我？得
先想想你自己。

学术创新能教吗？

创新需要灵感或顿悟。没有人能说清楚灵感或顿悟
是怎样产生的，所以创新无法教。勉强教，就得说不可
言说者，说出来的就是禅宗语录。好的情况下，言者谆
谆，听者藐藐。不好的情况下，言者鹦鹉学舌，听者云
里雾里。不过，创新可以训练。海德格尔的学生中出了
好几个大哲学家。他说，一种全新的思维方式，只能由
老师跟少数学生在小圈子长时间训练中传递。学生出
偏，老师随时纠正，类似围棋的内弟子，住到老师家。
在已经产业化的学术界，这种教育方式在顶尖的大学还

可能存在，在多数大学已经不可行了。

可否推荐一本哲学入门的书？

哲学没有入门书，所有声称哲学入门的都不是哲学书。如果真心实意想学点哲学，看看贺麟先生翻译的黑格尔的《小逻辑》。那本书读通了，哲学基本上就学会了，但是得有耐心，得读下来。

写英文论文能不能先写成中文？

不能。用英文写学术论文，是在英语学术传统下，在英语的话语体系里，跟英语学术界的学者对话。用中文写论文，是在中国文化环境学术环境下跟中文学术界的学者对话。

如何从入门到能够进行创新研究？

这就像问小孩怎样从学走路变成奥运冠军。

如何才能厘清概念？

反复问自己，我到底想说什么。一有发言权，就收不住自己，说些无关的话，大家都这样。写文章也这样。写论文是个收的过程，要反复问：我到底想说什么。确信知道答案了，再跟别人说，人家也未必明白。自己也不肯定究竟想说什么，别人不可能听懂。

是研究问题重要还是研究方法重要？

你是方法论学家，研究方法重要。不是方法论学家，研究问题重要。每个人都有自己的专业，术业有专攻。

在 Open Access 期刊发了文章怎么办？

这些刊物几乎都是骗版面费的，上了当最好不要炫耀。网络有记忆，有人找到了，跟你为难，就大大方方地承认上过当。

是否应该声明做了审稿人没要求做的修改？

不要画蛇添足。审稿人要求做的修改，一点折扣也不打。人家没提问题的地方，你发现了问题，改掉就是了，不要声张。如果说还改了其他地方，弄不好会惹出麻烦。人家可能说：原来挺好的，怎么改坏了？

国际会议邀请作主题发言，可信吗？

这种邀请都是骗人的。天上不会掉馅饼。每个人都应该知道自己的分量。

把论文上传到预印本对作者有好处吗？

看学科。张益唐先生把他的新论文挂在了预印本。有充分的把握，已经做到别人偷不走的程度，放在预印本上有好处。

什么样的心理特质适合做学术？

学术生涯的优点很突出，自由度大，自我丰富、自我实现的机会多。但是，缺点也很突出，竞争压力大，成果的有无与大小有运气成分，研究过程高度不确定，完全不可测。突出的优点与缺点形成特殊的合力，对学者的心理素质和性格提出了特殊要求。特殊在于：必须有双重心理，双重性格，同时还必须能掌控双重心理和双重性格。

双重心理，是兼有高度自信和高度自疑。一方面高度自信，另一方面高度自疑，缺一不可。没有高度自信在学术界活不下来，周围的人都很聪明，都很用功，有的人既比你聪明又比你用功。一定要相信自己能够做出其他人都做不出来的成果。没有高度的自我怀疑也不行。学术研究很孤独，要耐得住寂寞，反复质疑自己。昨天写得洋洋得意，今天发现全是垃圾。冷热反复交替，才可能锻炼出一点真学问。心理的火与冰都不能少，自控能力就变得格外重要。该热的时候不能冷下来，该冷的时候不能热上去。

双重心理是对自己的。但是，学术界在人间，学术生涯是海德格尔说的"在世间"。当今之世，"在世间"越来越等于"在发表"。学术发表是聪明人刁难聪明人的高级但未必高尚的智力活动。高级，因为聪明脑壳彼此诘难甚至互相刁难的结果可能对人类有用。未必高尚，因为这个过程对被质疑受刁难的学者很难忍，对于年轻学者甚至可能很冷酷。

从事所有行业都是"在世间"，但不同行业的生存规则不同。多数行业的生存规则是从众，行规是中规中矩。学术生涯的特点是必须有独特之处，至少看起来仿佛有独特之处。为了在这个特殊的世间活下来，得有双重性格，兼有温良恭俭让和"虎气"与"猴气"。"虎气"是王者之气，"猴气"是大闹天宫的齐天大圣之气。公开场合，理当温良恭俭让。独处书房，在自己的小小研究领地上，却不妨以森林之王自居，也不妨宣示"皇帝轮流做，今天到我家"。

学术生涯很有意义，所以很艰难。很艰难，要挑战自己，也要回应别人的挑战。很有意义，有机会也有时间在最大程度上丰富自己，实现自己的独特价值。学术之路不好走，最好是有良伴。年轻学者最好有"友师"（mentor）。良伴与良师可遇不可求，退而求其次，可以找伴书。

为什么说做学术研究需要把脸皮练厚？

脸皮太薄是虚荣心太强。你是学生，老师说你不对，不伤你自尊心。不对就是不对，说你对，是耽误你。不要觉得自己都准备好才做研究，才写论文。没有人这样。学走路，如果坚持完全准备好才开始走，那永远学不会走路。学说话也是如此。我们要承认一个基本事实，就是我们是人，不是神。学习过程、成长过程、创作过程都是痛苦的，都是一片狼藉，一塌糊涂，一团糟。你说，我一定要清清楚楚，一板一眼，一步一个脚印，一直走到终点，投稿后立刻就被接受，那你去做别的事。比如说，做木匠可能会这样。学术研究不可能这样。每篇文章都是一次冒险，每次投稿都是一次冒险。要把自己的位置放正，把自己的心态放正，自尊心不要过强，过强就是虚荣。

怎样管理学术生涯的焦虑？

　　焦虑是一种莫名其妙，没头没脑的恐惧。中国社会刚刚进入焦虑时期，越来越多的人失去了安全感。安全感的高低取决于能在多大程度上把握自己的生活。传统社会中的农民、渔民、牧民，生活所需样样自己动手，很辛苦，但生活的各个方面都在自己的把握中，只要勤劳，就不会有太多焦虑。人类社会的进步靠分工和专业化，分工和专业化必然导致生产过程碎片化。在现代社会中，每个人都是庞大社会机器上的一个小零件，而且是不难替代的小零件。在一个公司，员工、部门经理甚至总经理都是小零件。一人离职，一百人申请替补。因此，每个人都觉得自己没什么独特价值，没有安全感，产生焦虑。有没有办法克服焦虑？没办法。但我们可以管理焦虑。认清自己的心理特点、生活习惯、工作习惯，通过管理自己的才能和时间管理焦虑。在黄金时间全力以赴做对职业生涯最有用的事，做完了，给安全感垫了块砖，知道它不会马上垮掉，就坦然了。如果明明知道自己某一段时间工作效率最高，但是由于各种各样的原因，比如自律不足，或者有外部干扰，无法正常工作，就会焦虑。

如何保持科研热情？

我们都珍惜自己的生命，如果把自己的生命变成学术生命，保持学术热情很自然。如果没有热情，反而很奇怪。不能保持学术热情，可能是把学术仅仅当成一种工作，研究变成了沉重的负担。世界上有各种各样的工作。如果仅仅想找个工作，保持温饱，有车有房，可以出去旅游，有闲钱，最好别进学术这个门。学术生涯首先是个饭碗，但它同时是个特权，因为让你有充分的自由。追求能充分掌控自己时间，掌握自己每天做什么，追求自我实现，除了学问没有第二条路。

导师抢一作怎么办？

导师跟学生抢论文，学生可以高姿态，怜悯失败者。他能抢走一作，但抢不走你的本领。如果高看他，平视他，会觉得不公平。调整好自己的心态，这个世界就变得比较容易接受。

怎样应对学术生态的内卷？

老板要求出水货，就出水货应付，没什么不对。做学问跟做文章是两回事。先谋生存，后做学问，未尝不可。不过，不要在求生存过程中出卖灵魂。

学术圈这么卷，值得留下来吗？

对自己的生存能力有足够的信心，能做其他的事，做其他的事情觉得更有意义，更愉快，就不要挤这条窄路。

跋

　　关于治学，每个学者都有至少一套说法。我的一些浅见收入了《不发表就出局》《在学术界谋生存》《戏说统计》《戏说统计续编》《哲学与师道》，限于水平，只谈在学术界谋生存。本书集中讨论求发展，算延续和补遗。三年前，《在学术界谋生存》问世后，出版家朋友说：谋生存只是学术生涯的一半，还应该谈谈怎样求发展。我觉得力有不逮，婉言辞谢了。不过，我也留了心，三年来，浮现零零星星的想法，就断断续续地记下来。观察多于体会，后知后觉的感慨，多于不知不觉然而碰巧走对路的庆幸。文字虽不成系统，锱积铢累，也渐成规模。本来打算临近退休时再整理，但是，4月1日，车老师遽归道山，令我改变了想法。

　　老师是学生的屏障，正如父母是子女的屏障。老师走了，对学生来说，目前与终点之间就只剩下一段长度不确定的路。车老师的师德师道，有待他的学生继承与发扬。我有了紧迫感。于是，趁后半学期授课压力较小，我集中了三周时间，理出了比较重要的话题，把零散的文字汇总起来，编成了这本书。

与我写的其他四本书一样，本书说的也是平常的道理，价值是有个性地重复常识。人间万事，无非术道二字。术与道，说来玄妙，其实都是常识。常识是平常人应该懂得的道理，但不少人不懂常识，因此常识也是不怕重复的真理。英国哲学家奥斯丁（John Austin）说，我们不需要被告知，但需要被提醒。现实是，不少人急需提醒时，往往无缘听见，或者有缘听见但听而不闻。听见时，听懂时，为时已晚，这是常识的常态，也是常识的悲剧。我希望本书能在一定程度上摆脱常态，更希望借此减少点悲剧，至少减轻悲剧的冷酷。实事求是地说，本书是过来人的忠告，既是提醒，也是告知，而提醒与告知的对象，首先是作者本人，其次才是年轻人。我深知，年轻人听年长人说话，惯例是左耳进右耳出。但是，我也相信，风过有声，聪明人不留心也有记忆。一旦遇到挫折，记忆片段浮现，忠告就能发挥两个积极作用。一是安慰，让受挫的年轻人明白，他们既非格外愚蠢，亦非特别倒霉，挫折是人生不可避免的要素，谁也逃不脱，躲不掉。二是鼓励，提醒受挫的年轻人，有机会也有信心提出忠告的，想必克服过挫折，走出过困境。

本书的部分内容在微信公众号"在学术界谋生存"发布过，收入本书时，精简了文字，也调整了语气。为了节约读者时间，书分成内容相对集中的十九讲。由于主题单一，各讲难免交叉。由于主题接近，此书与另外几本书也难免交叉重复。比重复更棘手的问题是校准语气。与年轻人面对面谈治学，情景生动具体，比较容易把握语气。但是，书面论治学，情景单调抽象，很容易掉进自己挖的坑，对话变成独白，下意识地拔高自己。讲道理提建议，仿佛自己一直就明白，早就能做到，其实很多道理刚想通，建议只是新体会；谈弱点，仿佛自己都能克服，而且早就克服，其实有些弱点最近才克服，还有一些正努力克服，另有一些根本克服不了。夸夸其谈，是好为人师者的痼疾，再三努力，还是难以根除。好在第二十讲是与两位优秀青年学者的对谈，冲淡了本书的说教气。

不发表，就出局，更多是提醒。发表的基础，最好是做了好学问。但是，迫于时势，学问尚未做精，仅有一管之见，也应该把文章做好。谋定了生存，仍然有压力，但毕竟不那么紧迫，就应该开始在学术界求发展。发展就是把学问做好做精。

做学问，求发展，是我的心愿，也是我对青年学者的祝愿。

愿以此书延续车老师的教泽。

2021 年 11 月 20 日

补　记

　　每本书都是集体智慧的结晶，每个作者都得到幕后英雄的鼎力协助。本书的书名几经更改，从《交棒者说》到《在学术界求发展》，从《做学问求发展》到《学者的道与术》，最后定为《学者的术与道》，多亏老友刘海光敦促把关。用心题写书名的，是我的老同学王之刚，他也是车铭洲老师素描画像的作者。直接呵护本书问世的，是责任编辑易文娟女士。特邀编辑是体现完美专业主义的南山女士，排版的是技术与效率都令我惊佩的雁回女士。特别感谢管玥博士，她仍在适应新近在异国他乡赢得的教席，丹麦奥胡斯大学以学生为本，以教育为本，对各个工作环节都有具体细致的要求，让我这个老教书匠既敬服，又觉得有点喘不上气。尽管工作压力巨大，她还是挤出时间通读了全书，捉出近二百个虫子。有些虫子隐藏得很深，靠啄木鸟特有的嗅觉才能发现。

　　管玥博士帮过我很多忙，没有她把关，《戏说统计》和《戏说统计续编》会有不少令我尴尬的错误。她也是《不发表就出局》的整理者，那本已经出版 6 年的书更是集体智慧的结晶。值得一提的是，该书 2016 年 10 月问世，今年第 6 次印刷，总印数已达 33 000 册。此书只有纸版，没有电子版。但是，据一位朋友估计，此书的电子版册数也许比纸版的印数多若干倍。经他细细解说，我才明白，学界有"侠盗"，其心理特点是有"病态共享精神"。"侠盗"的行为有三个特点。一是伤害知识生产者，釜底抽薪，降低其创作热情；二是表面施惠知识消费者，其实助长其不劳而获的寄生心理；三是至少表面上不牟私利，可以心安理得地占据道德高地。不过，虽然有"侠盗"作祟，此书的发行成绩既符合我期待，也令我欣慰。600 多位读者在豆瓣读书发表的长短评论，绝大多数令我深感鼓舞，不少评论给我带来会心不远的惊喜。

《不发表就出局》的姊妹篇是《跋》提到的《在学术界谋生存》，二者内容大同小异，但个性鲜明。本书与前面两书的关系，没有合适的比喻。好在叔本华《附录与补遗：哲学小品》的前言有个巧妙的说法，我笃信鲁迅先生的拿来主义，不避自吹自擂之嫌，借用如下："我的哲学照耀我心想手追的一切，哪怕只是在远处发光；同样，从另一方面看，我的哲学也总能从我的全部思想接收到些许光芒。"

2022 年 1 月 16 日

增补版跋

　　增补版新收入 34 篇长短不一的文章，新增的附录《答宋义平博士问》是全书概要，可以当索引浏览。增补的文章都在微信公众号"在学术界谋生存"推送过，收入时略有增删修订。除了增补文章，我也修订了初版的一些说法，增加点细节，未改原意。

　　增补这么多内容，证明我还研究学术问题，也还在思考学术生涯。生活是由众多子系统有机构成的巨系统。每个子系统都有优先目标，都有运行机制。要实现系统最优目标，各个子系统都要最优运转，关键环节很多。每个子系统的每个环节都同时出错的概率很低，但每个子系统的每个环节都有出错的概率。只要一个系统的一个环节出错，巨系统就无法达到最优目标。不论从事什么职业，天时地利人和，均非个人能控制。自己能苦心经营的一切，都受天赋制约，也都需要律己。在学术界谋生存求发展，各个子系统都得正常运转。学者的生活必须保持最优运转，才有望得到最优成果。正因如此，学术生涯与艺术生涯相似，十分脆弱，失败的概率高于成功的概率。谋生存，天赋、勤奋、机会，缺一不可。求发展，专注、耐心、灵感，缺一不可。保持身体健康，维护心态平和，学会自主创新，保护优质时间，长期专注不懈，归根结底都离不开自律。这些话题，增补版都谈到了。

再说一次，此书是"老人言"。经验是阅历，阅历需要时间，时间是变老的过程，所有谈治学的书都是"老人言"。无论作者多大年龄，谈治学的书都应该是诚实的经验之谈。老人言是说给年轻人听的，年轻人有盲目自信的特权，所以"老人言"的宿命是"言者谆谆，听者藐藐"。"老人言"的宿命是多数老人决定的。孔子说："及其老也，血气既衰，戒之在得"；孟子说："人之忌，在好为人师。"圣人之言的宿命是众人"反其道而行之"。说"老人言"的人，往往只讲自己过五关斩六将，不谈败走麦城。更有甚者，编造辉煌，掩盖失败，制造神话。偶尔有人老老实实地说"老人言"，只是一小股"二月逆流"。年轻人遇到了，肯听的是例外，听得进去的是例外中的例外。

衷心感谢下列朋友指出第一版中的错别字：蒋清华，郭丹尼，张扬文馨。增补本也难免出错，欢迎朋友们不吝指教。

2024 年 6 月 1 日
香港大学